有一种节约是“浪费”

Save & Waste

海梦冰蓝 编著

中国華僑出版社

图书在版编目(CIP)数据

有一种节约是"浪费"/海梦冰蓝编著. —北京:中国华侨出版社,2011.9

ISBN 978-7-5113-1698-1

Ⅰ.①有… Ⅱ.①海… Ⅲ.①人生哲学—通俗读物 Ⅳ.①B821-49

中国版本图书馆 CIP 数据核字(2011)第 176915 号

●有一种节约是"浪费"

编　　著/海梦冰蓝
策　　划/刘凤珍
责任编辑/文　筝
责任校对/李向荣
装帧设计/兰旗品牌设计
经　　销/全国新华书店
开　　本/710×1000 毫米　1/16 开　印张 13.5　字数 170 千字
印　　刷/北京中印联印务有限公司
版　　次/2011 年 11 月第 1 版　2011 年 11 月第 1 次印刷
书　　号/ISBN 978-7-5113-1698-1
定　　价/25.00 元

中国华侨出版社　北京市朝阳区静安里 26 号通成达大厦 3 层　邮编:100028
法律顾问:陈鹰律师事务所
编辑部:(010)64443056　64443979
发行部:(010)64443051　传真:(010)64439708
网　址:www.oveaschin.com
E-mail:oveaschin@sina.com

谨以此书献给我们的父亲母亲

目　录

者占了小便宜却吃了大亏。比如有些促销不是物有所值，或是虚假降价，或是鼓动你购买一些用不着的东西。其实，商家都是聪明人，不会做赔钱的买卖。作为消费者，我们应该根据自己的实际需要，购买那些质量、服务有保障的东西。

在现代社会，省钱可以减少我们的支出，但同时也在影响着我们办事的效率。为了享受高效、快捷的现代生活，有些地方我们必须多“浪费”点钱才行。比如在市区租房子，虽然价格很贵，但你上班方便了，省下的时间可以去做更有价值的事情，包括兼职赚点外快。比如你有重要事情，选择坐出租和飞机完全不是浪费钱的行为。还比如，我们可以花钱买服务，把一些杂事分包出去，让我们少了家务的烦恼，安心去工作。

因为便宜，很多人喜欢买便宜货和山寨货，总觉得这样可以节省很多钱，但实际上却造成了浪费，同时还有很多隐患。

便宜货和山寨产品未必全是质量差的，但大部分产品的质量都难以保证。何况某些山寨产品模仿一线品牌的包装和外形来骗人，质量却差很远；有的以次充好，或把翻新的二手货当新产品卖；有的产品则对身体的安全和健康造成危害。

所以，我们应该“浪费”点钱买信誉好、质量有保证的品牌产品和正版图书及软件。

我觉得人应该对自己慷慨一些，对自己的身体太苛刻了，就是对生命的不尊重。我们必须对生命有足够的敬畏感，对自己的身体健康负责才行。平时不要太节省了，毕竟时代不同了，有条件就不要亏待自己的肚子；不要一味地工作，不要远离娱乐活动，会玩的人才会工作；如果病了，别觉得自己的身体是铁做的，更别迷信“求医不如求己”，要去看医生；想远离疾病，平常就得多锻炼，有条件的人还可以购买些健身器材。

如果说事业需要投资才有丰厚的回报和收益，那么友情也需要“投资”，当然投资的未必是金钱，而是需要你“浪费”点时间、精力去经营，并愿意放下姿态，放下面子，甚至和你讨厌的人交往，因为他们都是你人脉的一部分。你“投资”的是友情，收获的却是人脉。

因此，对于一些好朋友，记得常打个电话问候，有空出来一起喝酒聊天。对待朋友要大方些，做人低调些，太小气太自大了都容易被孤立，不如学会吃亏，把小便宜让给别人。而且，不要给自己制造敌人，能成为朋友的，最好不要做敌人。

第八章 “浪费”也是一种教育方式 / 141

自古以来，很多父母都喜欢以一种高高在上的姿态对孩子严加“管教”。他们会为孩子规划好一生，包括理想、兴趣、职业都设定好了，孩子只能服从和接受。为了达到自己的目标，他们逼着孩子考高分，参加培训班，要求他们必须是前三名，或是拿大奖。有的父母很少真正去了解孩子在想什么，总是以自己的角度去判断孩子的喜怒哀乐。其实，教育需要适当地放任，需要一种“浪费”的教育方式。比如多给孩子玩的时间，多让他们看点课外书，多给他们一些自由和选择权，多表扬和肯定他们，同时还要多花点时间了解你的孩子，多点时间与他们相处。

第九章 婚姻需要“浪费”点激情 / 167

有人说，婚姻就应该是油盐酱醋、周而复始的平淡生活，

youyizhong
jieyueshi
langfei

第一章　为什么不吃新鲜的

有的人买了一袋水果，怕浪费，总是先吃烂的，然而，烂苹果会不断出现，到最后你一个新鲜的苹果都没吃到。有的人为省钱，买一些打折食品、处理商品，却发现那些食品快过期了，或者是你根本不需要的东西，结果没吃、没用就扔掉了，节约就变成了浪费。有的人不舍得扔剩菜，却吃坏了身体……长期的生活习惯和消费理念，让我们的健康在节约的过程中吃尽了苦头。所以，为了我们的健康，有时“浪费”一下是必要的。该扔掉的扔掉，不该吃的不吃，同时，我们还要学会如何更好地保存新鲜的食品。

不要等苹果烂了才吃

有一天在网上浏览博客，看到某网友在回忆母亲时，讲了这样一段话，感受深刻，触动心灵，由此让我也想起了自己的母亲。他这样写道：

“那是70年代，每到大年前，我的母亲总要到供销社买三四斤暖梨，回来后，放到家里的衣柜里。由于怕我们偷吃，她还用锁头锁上。然而没几天，有些梨就烂了。母亲把烂的拣出来，分给我们吃。过几天，又拿出来两个，这样几次，买的那点梨就所剩无几了。现在提起往事，我们姐弟同母亲开玩笑说，‘妈，快过年了，买点暖梨留到三十晚上吃，梨烂了才吃，不烂不能吃’。”

看到这段话时，有点感动，又有些疑惑，为什么非要等到梨烂了才吃，不烂不吃呢？而我的母亲何尝不是这样呢，只是我今天要说的不是梨，而是苹果。

在小时候，我一直生活在乡下，记得那时家里不是很富裕，能吃到的水果很有限，都是一些苹果、桔子、桃子和梨什么的，香蕉那时对我而言还是奢侈品。每当这些水果成熟的季节，父母会买一些水果尝鲜，有时冬天走亲访友也会剩下一点。那个年代，母亲舍不得吃，水果常常都被我们这些孩子贪婪地吃掉。

后来，生活条件一天天地好起来，家里经常会买一些水果，有时一次会买很多，足够吃十天半个月的。母亲这才开始吃一些，但她总是找烂掉的吃，常对孩子们说：“要先把坏掉的吃了，新鲜的先放着！”而我从来都是没心没肺先吃新鲜的，只是到最后都剩下坏苹果时才想着吃它们；而母亲自始至终，都没吃过几个新鲜的苹果。

也许这是一个朴实母亲的习惯，也许她只想把新鲜的苹果留给孩子们吃，如今回想起来，这样的母亲是多么的伟大和令我感动。不过，到现在，儿女们已经长大，不用他们再操劳了，苹果多得吃不了，可母亲还是在吃那些烂掉的苹果，要么就是一直遗忘在那里，直到烂了才想起来吃。

于是，我便想，为什么不吃新鲜的苹果呢？

难道等到坏掉才吃叫节省，新鲜时就吃掉是一种浪费吗？如果艰苦的条件只是一种借口，那么这种思维习惯是我们值得探讨的。到底先吃新鲜苹果，还是先吃坏苹果，一直以来是很多人探讨的话题，甚至上升到了哲学和经济学的角度。

我敬重和理解文章开头那位“藏梨”的母亲，也理解我母亲“爱吃”烂苹果的习惯，但我不认同这样的方法更科学，更节省；相反，这种习惯和思维方式在某种程度上是一种“节约型浪费”，至少在今天是这样的。

比如开头那位母亲，她把新鲜的梨放着不让孩子吃，都是等烂掉时才给孩子，结果每次都是吃烂梨。如果在新鲜时就吃掉它们，不仅好吃，味道鲜美，也不用削掉坏掉的那部分。还有我的母亲，在苹果新鲜时遗忘在角落，等到坏时才想起来吃，这样会有大批的苹果坏掉，母亲失去了吃新鲜苹果的机会，也造成了浪费。

不仅是上辈的母亲们，其实很多年轻人也存在这样的思维，买了很多水果放在家里，见有坏水果，总想着先吃坏的再

吃新鲜的。但现实的情况是，坏的苹果会不断出现，你总有吃不完的坏苹果，到最后没吃到几个新鲜的。

有一个丈夫在日记中写过这样的事情。

今天我又吃了一个挖掉腐烂斑的苹果。我问爱人，怎么老让我吃烂苹果。她说："你买的苹果太多了，我们存放的环境不好，又不会保养、储存，结果烂了不少，扔了可惜，把小斑挖掉还可以吃。"我说："今天我吃了一个烂苹果，明天还得吃一个烂苹果，等我们把烂的吃完了，又出现了新的烂苹果，这样我们岂不是天天吃烂苹果吗?"

这个丈夫很可怜，明明有新鲜苹果，却要天天吃烂苹果。也许看了这篇文章，女人们会觉得男人吃坏苹果是疼爱妻子的表现，但作为妻子，也应该明白，坏苹果总是吃不完的，你得到了丈夫的爱，同时也吃坏了他的健康。

因此，我在这里建议大家：家里存放水果记得还没有坏时就吃掉它们，别等烂了才去吃，更不能放得太久。更科学的办法是，一边吃新鲜的，一边解决烂掉的水果，这样你吃了新鲜的水果，也没有浪费烂掉的水果。

若是从健康角度来说，你完全可以舍掉一两个坏苹果，去吃那些新鲜的。不要纠结不吃坏的就是浪费，其实扔掉一两个坏苹果，你获得的是吃一堆新苹果的机会，也更有健康的安全保证；反之就有吃不完的坏苹果，说不定哪天就吃坏了身体。

另外，坏苹果不及时处理掉还会让更多的苹果坏掉。你会发现这样一个细节：刚从水果摊买来一箱水果，里面有几个烂的，你没在意；过几天再看时，那几个已经完全烂掉，而且周围的水果也开始跟着烂；如果不及时处理，再过些日子，说不定整箱都会烂掉。

坏苹果会传染的，就像人的双腿因某种疾病感染，要想保全其他部分不受感染，进而保全整个生命，必须采取截肢的方法。虽然你会因此失去双腿，忍受了巨大的疼痛，但你却避免失去更多的身体组织。苹果也一样，这时不如把那些坏苹果拿出来处理掉，这不是浪费，而是保护其他好苹果不受影响。

总而言之，节省有时会浪费，甚至给身体带来危害，而浪费有时比节省更科学。这便是“不要等苹果烂了才吃”的生活哲学。以下的篇章，将围绕这种看似浪费的生活哲学，为大家讲述如何让“浪费”成为一种现代生活。

家里的食品快过期了

一年夏天，我从北京回家小住，一日午后饭，奶奶拄着拐杖蹒跚地走过来，她说：“二儿，到我屋里看看你姑妈拿的那箱牛奶还能喝吗？能喝的话你拿走几袋喝吧，回北京时也带走点。”于是，我就去了她的房间。

小时候，奶奶的房屋是最有诱惑力的，对我来说，那里经常藏着很多好吃的，比如饼干、香肠、饮料什么的。那时，每隔一段时间，她就会拿出一些零食让我们这些孩子吃，但不会一下子全给我们吃。在那个物资还不丰富的年代里，孩子对零食的渴望是无比贪婪的。年少不懂事的我，常常在奶奶不在家的时候，悄悄溜进她的房间寻找零食吃，翻箱倒柜的，当然这事在十多年前就已经不干了。

那是一箱袋装的牛奶，我习惯性地从箱子里拿出一袋看了看生产日期，发现这奶过期两个多月了，已经不是安全食品了。“那还能喝吗?”奶奶问。我告诉她袋装牛奶不同于普通饮料，不宜长时间存放，它只有一个月的保质期。

可是，奶奶还是想不明白，为什么这么短的时间牛奶就过期了。要知道，奶奶不认识字，对这个世界的认识，还停留在她所认知的那些老理儿上。她总觉得牛奶也能像其他食品一样放上几个月。但实际上，普通袋装牛奶就一个月的保质期，而且从商家上货，到儿女买给她时，这中间又过了不知多少天，能存放的时间很少。

奶奶依旧不舍得扔掉，说加热后再喝可否？不行的话，干脆喂狗得了。之后，奶奶把一整箱的牛奶拿到我们家。她实在不舍得扔，但我还是决定全部扔掉了，连狗都没喂（否则动物保护协会告我虐狗了，哈哈）。

后来我知道，这箱牛奶自从姑姑拿来后，她一直没喝，她已经习惯了把一些食品先放一段时间，然后再吃掉它们。这样的事情经常发生，儿女过年过节时给她买的一些食品，她不想马上吃掉，习惯性地放着，放着，再放着，等她把孙子们叫过去问是否过期了，孩子们便会告诉她已经不能吃了，她只好心疼地扔掉。我不知道，奶奶吃过多少过期的食品，也曾想，如果当年不偷奶奶的零食吃，或许等她再拿给我们时已经是过期的了。

不仅是我的奶奶，在现实社会中，我们大家也常常忽视食品的生产日期或是保质期，从而白白扔掉一些食品，或是误食了大批过期食品。比如到超市买东西，有些懒人和忙人经常不看日期就往车篮里放，回到家就把它们塞进冰箱，或是放在其他角落。等你某天吃时，才发现食品过期了，若是不注意，还可能吃掉它们。

前些年我一个人租房住，平常都是只做一个人的饭，买一瓶食用油、酱油或其他调料什么的，用上半年或一年还用不完。由于我不清楚它们的保质期，也不曾注意过这个问题，使得它们过期很久了我还没发现。

过期食品是不能吃的，在新闻中常会有一些因误食了过期变质食品，造成全家集体中毒的事件；还有的小孩子吃了过期食品，腹泻、肚子疼。这样做，即使一次两次不影响健康，但经常吃肯定会给身体造成伤害。专家指出，过期食品就像电脑病毒一样，有些长期潜伏，有些会瞬间爆发。它们容易被细菌、病毒、寄生虫等污染，弄不好会引起急性食物中毒，甚至导致急性传染病发生。

国家对各类食品的保质期作了明确的规定，食品的保质期一般在盛装罐、盛装袋上加以注明，未注明的可以根据其生产日期进行推算。在购买食品时，一定要注意食品的生产日期和保质期限，对于那些没有生产日期的食品尽量不要买。

因此，在家里，你要经常检查你的食品是否过期了，不要将其放得太久，还要了解不同食品的保质期（下节详细介绍），在过期之前就吃掉它们。如果食品真的过期了，就扔掉吧，该“浪费”时就“浪费”，不要迟疑。

此外，很多人图便宜买商场和超市里打折的食品，可是你知道吗，那些打折的食品很多都是快过期的食品。商家是不会做赔本买卖的，为了尽快处理掉快过期的食品，他们才用了降价的手段来促销。由于很多人都有爱占小便宜、爱买便宜货的习惯，见超市的油啊、方便面啊、香肠啊降价促销，不看保质期就买来一大堆。

超市还会进行捆绑销售，或是买一送一的活动，那些附赠品要么是淘汰的产品，要么就是快过期的食品。回到家才发现，这些食品放不了几天了，必须尽快吃掉，可你哪里吃得了啊，只能白白浪费钱。

除了包装食品，一些超市还会在晚上低价处理蔬菜、水果，以及没有包装的自制食品，如烤鸭、凉菜、油炸食品、大饼和包子，等等。也许你会觉得这个时候买很划算，但你是否知道，这些水果蔬菜是些挑剩下的“残花败柳”，不知被多少人的手“蹂躏”过，能吃的部分还有多少，还能放几天？等它们烂了，不再新鲜了，你还愿意吃它们吗？很多老人爱买一堆便宜的烂菜、烂水果，可吃的还没有扔得多，其实这是一种浪费。还不如买新鲜的蔬菜水果，食品贵点，但你能放得时间长，利用率也高，同时也有利于健康。

所以，买打折食品时，一定要看准它们的生产日期和保质期。还要擦亮你的眼睛，那些即将成已经过期、变质食品别买，再便宜也不能买！

吃不完的菜怎么办

我有一个做自由撰稿人的朋友，辞职后宅在家里写文章。他没有女朋友，独自在北京租房住，不会做饭，也懒得做，平常喜欢叫外卖。后来有一段时间，他迟迟没有拿到稿费，几本书被出版方拖了又拖，生活变得紧张起来，开始试着自己做饭。

可是，他发现做饭对他来说是件很头疼的事情。他不知道去做什么，又懒得去买菜。每天要做饭时，他就像在思考一个哲学问题，饿着肚子犹豫要不要做，到最后实在饿得不行了，便去楼下的饭店去了；有时最后做了，从买菜、做饭、吃饭、洗刷，往往会耗费几个小时，而且一天三顿饭，剩下写文章的时间就不多了。为此，他很苦恼。

后来，我这个朋友想出了一个妙招。他邀请几个会做饭的朋友到他家聚餐，每次都让他们做很多菜，那些吃不完的剩菜就成了他的宝贝。他把那些剩菜放进冰箱，接下来的两三天他就靠这些剩菜度日。我们称他是“剩菜哥”。

我们说你不怕吃坏身体吗?

他说没事的，并笑称自己从小就是吃剩菜长大的，抵抗力强；还说在他们家乡，过年时很多人会煮一锅肉汤，每次做菜时放一点，一吃就是半个月。他觉得肉汤能吃半个月都没事，何况是三天的剩菜。

就这样，他饿的时候就从冰箱里拿出剩菜加热，然后就着米饭吃。剩菜吃完了，过两天他继续邀请朋友到家里聚餐。几个月后，他拿到了几本书的稿费，然而他却住进了医院。医生说是吃剩菜导致的，从此他再也不敢吃剩菜了。

我这个朋友吃剩菜的经历是有点夸张，但对于要不要吃剩菜这个问题，国民一直在争论不休。上辈人说剩菜不吃是浪费，在饭店剩下的菜也要打包。老人们常常说，只要剩菜不变味，放在锅里加热一下是可以吃的，现在有了冰箱，更可以放心了。

我们可以理解老人们的节约，上午的饭到晚上热热吃没什么，在饭店打包的菜能及时吃掉也不会有大问题，但天天吃剩菜绝对没什么好处；若是放得时间太长，如过夜的剩菜，甚至一两天的剩菜就更危险了。必须明白，剩菜就是剩菜，吃剩菜只有坏处没有好处。

剩菜在存放和加热过程中，营养价值不断流失；吃剩菜就像吃垃圾食品，吃多了会营养不良；而且这些剩菜存放时间长了会变质，甚至出现化学反应。食物中的细菌、寄生虫和致癌物质、化学物质在渐渐吞噬着我们的健康，一天两天没什么，长期下去说不定就会像我那位朋友一样去见医生，得不偿失。

专家指出，有些食物产生的毒素仅凭加热是不能消除的。在一般情况下，通过 100℃的高温加热，几分钟即可杀灭某些细菌、病毒和寄生虫；但是对于食物中细菌释放的化学性毒素来说，加热就无能为力了。加热不仅不能把毒素破坏掉，有时反而会使其浓度增大。

比如青菜变质后，经煮沸虽可杀死腐败菌，但在高温的刺激下，反会使更多的硝酸盐分解成亚硝酸盐，毒性便增加了。资料显示，亚硝酸盐是一种白色不透明结晶化学物质，形态与食盐很相似，有剧毒，成年人摄入 0.2～0.5 克就可以引起中毒，3 克以上能让人丧命，可见毒性有多大。

同时，亚硝酸盐还是致癌物质，亚硝酸盐的致癌机理是在胃酸等环境下，亚硝酸盐与食物中的仲胺、叔胺和酰胺等反应生成强致癌物 N-亚硝胺。亚硝胺能够透过胎盘进入胎儿体内，容易导致畸形儿的产生。刚出生的的婴儿对亚硝酸盐也特别敏感，一些婴儿由于食用亚硝酸盐或硝酸盐浓度高的食品，便患上“高铁血红蛋白症”，症状为缺氧，出现紫绀，甚至死亡。因此在国外，一些国家就规定亚硝酸盐严禁用于婴儿食品。

蔬菜中本来没有亚硝酸盐，但却含有不同量的硝酸盐。硝酸盐是无毒的，不过蔬菜在采撷、运输、存放、烹饪过程中，如果时间过长，就变得不新鲜了，硝酸盐这时就会被细菌还原成有毒的亚硝酸盐，给我们的健康造成极大的危害。

因此，在这里建议大家，平时剩菜要少吃，不能吃的就扔掉，舍得“浪费”，才能赢得健康身体，为了自己有一个健康的身体，为了不至于浪费，平常尽量不要做过多的饭菜，根据自己的食量和吃饭的人数合理搭配饮食。

不过，有些时候剩菜是无法预料，比如妻子在家做好了饭菜，老公因为要陪客户吃饭不能回来，妻子一个人吃不了，饭就会剩下。确实是这样，在一个家庭中，妻子会计划要做多少饭，但到吃饭时总会有人不来，或者某人这天胃口不好，吃不了那么多。

剩菜不吃又很可惜，那么，在不危害身体又不浪费的前提下，如何才能科学地吃掉这些剩菜呢？专家介绍说，剩菜保存时间不宜过长，剩菜的存放时间以不隔餐为宜，早上剩的菜中午吃，中午剩的菜晚上吃，最好能在5～6个小时内吃掉它；不要吃热水或菜汤泡的剩饭，也别把剩饭倒在新饭中；吃剩饭前一定要彻底加热，只要发现所剩食物发馊、变酸、发黏、入口不爽或稍带异味的，最好不要再食用。

在我家乡，还有些人在夏天时爱把上午的剩面条留到晚上用捣碎的蒜泥凉拌吃。这样吃很不健康。夏天气温高，还容易招惹苍蝇，食物变质得快，容易滋生病菌，再不加热的话就更不能吃了。我当年吃完这些“二手凉面”就经常肚子疼。而剩下的凉菜最好也当餐吃完，因为凉菜在制作过程中未经加热，很容易感染细菌，保存不当容易造成食物中毒。

此外，很多人习惯把剩下的菜都掺在一个盘子里存放，下顿就吃这盘“大杂烩”，这是不科学的。食物放在一起容易出现交叉污染，甚至会起化学反应。同时，剩菜也不能和新菜放在一起翻炒，剩菜要单独加热。

还有一些带饭盒上班的人，为了不浪费早晨的时间，常常在前一天晚上把饭做好放冰箱，第二天拿到公司加热吃。这种盒饭吃了不健康，一般当天早晨做好才行。若是实在没时间，在前一天最好等做好的饭自然降温后，马上把饭盒放进冰箱里，这个做法就可以避免晚上细菌大量繁殖。第二天从冰箱取走时，不要开盖，中午吃时，要在微波炉里使劲儿转一下，能达到75度以上的温度就比较安全。

最后，如果因吃剩菜出现身体不适，大家一定到医院看看，千万不要忍着。

冰箱是冷冻器，不是保鲜器

在我小时候，家里还没有使用冰箱，夏天的时候不敢买太多的肉和菜，如果吃不了就会坏掉。后来哥哥结婚时买了冰箱。那时家人对冰箱的理解是，只要把东西放进去冷冻，就可以做到长久保鲜，肉可以，蔬菜也可以。

于是某个春节，父亲买了很多年货，是一些肉、鱼、羊杂以及蔬菜等，统统把它们放进冰箱里存储。在我们家乡，无论是过去，还是现在，在过年的半个月里，是没有卖菜的商贩的，也没有饭店开张。平时大家在年前就准备好各种吃的，比如提前买上百个馒头，买几百块钱的猪肉，蔬菜也是提前买好，但经常是很多东西没等过完年就坏掉了，这让父亲很烦恼。有了冰箱后，父亲就放心了，以为过年时就能吃上新鲜的东西。

但让父亲没有想到的是，过了一段时间，冰箱里的蔬菜有些发烂了，再过些天，除了鸡肉、猪肉、鱼肉外，羊杂、猪肝等开始变味。怎么会这样呢？没用过冰箱的父亲一直想不明白，一度怀疑那个冰箱是否有问题。后来，用的次数多了，他才渐渐明白冰箱不是万能的保鲜机器。

确实如此，冰箱只是制冷的机器，并不具备保鲜的功能，那些广告说的再好也不能完全相信，虽然一些冰箱具有杀菌作用，但长期保鲜是不可能的，除非冰箱是完全封闭的真空机器，才可能出现千年不会变质的食物。冰箱所谓的保鲜，不过是通过降低空气温度，让食物变质的慢些，让病菌滋生的慢些。但在有氧的状态下，冰箱里的食物总会变质和腐烂的，只是个时间和温度的问题。

在城市里，有些忙碌的上班族平时懒得买菜，也没时间天天去菜市场，一次就买很多，把它们统统放进冰箱里。他们认为一台冰箱可以长时间保鲜，不管是蔬菜、水果、肉食和剩菜，都往冰箱里一放就好，但蔬菜照样干掉、焉掉、烂掉，肉解冻后也会发臭，更不用说剩菜了。

剩菜放时间长了会产生亚硝酸盐，新鲜蔬菜在冰箱放久了同样会产生亚硝酸盐。蔬菜在冰箱储藏一段时间之后，由于酶和细菌的作用，自身含有的硝酸盐就会被还原成亚硝酸盐。冰箱储存蔬菜不仅会产生有害物质，而且会损失营养素。研究发现，把蔬菜放在零下 30 摄氏度的环境放一天，蔬菜中的维生素 C 几乎全部损失，而亚硝酸盐的含量却上升了几十倍。因此，新鲜蔬菜在冰箱内储存期不应超过 3 天。

冰箱还会滋生病菌的产生，放在里面的食物并没有我们想象中的那么安全卫生。现在有很多人因为吃存放在冰箱里的食物而得病的。为什么呢？一些专家指出，冰箱内湿度较大，容易滋生病菌。一旦温度适宜，微生物就会活跃起来，让一些本来没有细菌的食物变成不健康的食品。

比如，当冰箱温度在0到5摄氏度左右时，一些大肠杆菌、伤寒杆菌、金黄色葡萄球菌依然能活动，使得食物慢慢变质。吃了含有这些病菌的食物后，会出现恶心、呕吐、腹痛、腹泻、头晕等症状。要避免这种情况发生，可考虑选用零下18摄氏度的低温冷冻箱，这样可以抑制病菌的活动。同时，一些热东西需凉透才能放进冰箱，以防止热气促进霉菌生长，使食物变质。冰箱中取出的食品必须加热，因为冰箱只能抑制微生物繁殖，不能杀死它们。

一些懒人还习惯把食物随手放在冰箱里，不分类，不加保鲜膜，也不用保鲜盒。冰箱里的食物摆得到处都是，有生的，有熟的，有剩菜，也有新鲜的，都放在一起会出现污染，有利于病菌的传播。再加上不同的食物适应保存的温度不同，有的需要五六度，有的则需要零下很多度，如果温度设置的高了，那些需要低温保存的食物就会慢慢坏掉，进而感染其他食物。

鉴于此，提醒大家要充分利用冰箱的空间和温区，分类保存食物，再根据食物所需要的保存温度，确定它们要放在哪里更好些。为延长保存时间，防止污染，最好使用保鲜袋、保鲜膜和保鲜盒。要记得经常检查冰箱，水果蔬菜类别放太长，一些熟食也不能放太长。如果发现变质的食物，赶快取出来，避免感染其他的食物。

还有一点需要提醒的是，一些水果和蔬菜在放入冰箱前最好不要清洗。据了解，有大部分爱卫生的人习惯把买来的水果、蔬菜洗干净后才放进冰箱，觉得这样才卫生；其实不然，如此不仅会加速它们的水分蒸发，还更容易变质，滋生病菌。

研究发现，在水果和蔬菜的表面有一层天然蜡质，它们具有保护食物不受细菌侵害的作用。一旦人们用清水，特别是洗涤剂清洗干净后，食物表面的蜡质层会遭到破坏，食物的水分容易蒸发，一些细菌就容易进入果蔬内部，导致食物变质腐烂和感染。因此，水果和蔬菜应该从冰箱里取出后再清洗。

知识衔接

不适合放在冰箱里的食物

并不是所有的东西都适合放在冰箱里，那么有哪些食物不适合放冰箱呢?

(1) 巧克力。把巧克力放在冰箱里存放，当再次取出时，巧克力在室温条件下，其表面会结出一层白霜，很容易变质，味道也与原来不一样了。

(2) 火腿肠。火腿肠放在冰箱里，它的水分会结冰，肉变得松散并成块状。

(3) 蛋黄酱。蛋黄酱在低温条件下容易分解，给菌类提供繁殖条件。而在常温条件下保存就不会出现这种情况。

(4) 香蕉。把香蕉放进冰箱几天，再次取出时会发现它已经变黑了，甚至有的出现了腐烂，吃起来也没了香蕉的味道。

(5) 西红柿。西红柿放在冰箱里，它的肉质会呈水泡状，很容易烂，或出现散裂现象，表面有黑斑，做出来的味道也不好吃。

还有鲜荔枝、土豆、胡萝卜以及豆腐都不适合放进冰箱。土豆等易存储的蔬菜放在厨房某个角落就行，豆腐最好当天就吃掉，而香蕉等水果放在阴凉处就可以，但要记得及时吃掉它们。

第二章　节约有时是浪费，浪费有时很节约

有些人明明是想节约、省钱的，但结果却造成了浪费，多花了钱。比如搬家不找搬家公司找熟人，不仅要请人吃饭，摔坏东西也不能让人赔；不舍得住带暖气的房子，但冬天你买被子、买电暖气，等等，最后居然比住带暖气的房子花的还多。你必须明白，节约需要考虑成本支出，要看看这样节约值不值，需要多少人情、时间、金钱和体力的支出，能否达到节约的效果。不要不舍得花钱，有时浪费点钱却能做到真正的节省；也不要为明天的幸福生活，把今天的生活搞得很艰苦，应适当“浪费”一下。最后告诉你个秘密，只会存钱不能带来新财富，而舍得花钱进行投资的人往往能获得不错的收益。

浪费需要“成本考量”

无论是在过去，还是现在，节约一直是我们提倡的行为规

范，课本中、电视中，以及老师和父母的教导中随处都可看到、听到。节约的出发点是好的，是一种传统的美德，它的目的是为了不浪费，然而，有时节约也能成为一种浪费。

有这样两则笑话。有一个烟鬼很穷，不舍得花钱买火柴。为了不浪费火柴，有一天烟瘾来了，他抽完一根又一根。孩子走过来说："爸爸你这样会抽坏身体的，少抽些吧。"烟鬼笑着对儿子说："我不是为了省几根火柴嘛!"正说着，妻子拿着扫把气呼呼走过来，对着男人嚷道："你真是败家子，抽的那些烟够买两盒火柴了!"

另一个笑话讲的是，古时有一个姑娘很爱美，很在乎别人的评价，但因她丈夫赚钱不多，舍不得买一块布为自己做件漂亮的衣服。她把所有的心思都花在仅有的几件衣服上，总是洗的很干净。她还在衣服上绣个花什么的，为的是让自己与众不同。

有一天，她发现某件衣服的一个袖子磨得不行了，为了不影响自己的形象，她就买了一小块布精心打了个漂亮的补丁。做好后，在镜子面前照了照，她觉得这样穿出去还是难看，不如另一个袖子也打同样打一个补丁，于是又买了一块布。

做好后，她到大街上让邻居看，有个老人说如果再配两个同颜色的口袋，就更美观了。姑娘觉得有道理，便又到布店买了两块布做了两个口袋……就这样，姑娘为了让衣服好看，又连续改装好几次，当然布也买了好几次。做好后，她穿给丈夫看。丈夫打量了两眼说：“真难看，这衣服完全不成样子。”她自己穿上对着镜子看了半天，也觉得这件衣服见不得人了，这时，扔也不是，穿也不是。丈夫还嘲笑说：“你买的那些补丁够做件新衣服了！”

虽然是两个笑话，但这样的事情在现代生活中依然上演着，只是没故事中的两人那么夸张和明显，人们也常常意识不到而已。很多时候，我们会发现，我们明明是想节约的，但最后却造成了浪费，不仅没有达到节约的目的，还让自己的利益受到了损失。你说，这样的节约到底是好还是坏，是节约了还是浪费了呢?

这样的事情经常会遇到。比如你在北京租房子，有的房东跟你要暖气费，还必须一下子交三个月的。你嫌价格太贵，于是就放弃，决定去租没暖气的房子。然而到了冬天，没暖气的房子实在太冷了，连屋里都滴水成冰，暖壶身上也是薄薄的一层冰。

在这样的屋子里，你穿着单薄的衣物坐不上三分钟就发抖，常常披着被子上网。为此，你花两百元买了件羽绒服，还买了保暖内衣。同样，你盖着单薄的被子无法安然入睡，为此，你花了一百元买了床棉被。可是，你依然觉得冷，就听朋友建议花几百元买了电暖气。虽然你每天就开几个小时，虽然热量马马虎虎，但几个月下来，你发现电费已经十分惊人。而且，你搬家时，嫌电暖气拿着麻烦，就50元钱卖掉了。仔细算

算，为了过冬，你是节省了还是浪费了。

北京房屋出租供不应求，价格自然水涨船高，一个小单间都要上千元。一些上班族为了节约房钱，就选择那些条件差、价格便宜的房子，里面没有冰箱，没有洗衣机，没有淋浴间，也没有做饭的地方，更别说像样的家具了。

住进去后，你觉得生活不方便，不得不自己买了书架、地毯、电脑桌，没有洗衣机，也不能做饭、洗澡，你就经常在外边吃饭，隔几天去次澡堂，还常常把大件衣服拿到干洗店去洗。在一次聊天中，你发现自己的住房支出竟然高出那些租好房子的人。他们的房租虽然贵，但各种设施一应俱全，洗澡不要钱，洗衣服也不要钱，还可以自己做饭。他们搬家也轻松，而你还要为那些家具找搬家公司运走还是要卖掉而不知所措。

还有的时候，我们想在这方面节约，也确实达到了这样的效果，在这方面节省了很多钱，然而，你却在另一方面造成了浪费。这种顾此失彼的情况经常发生，比比皆是。面对节约的“显著成果”，不知是喜还是忧。

一个小公司里要搬新址，老板不舍得花几百元请搬家公司，他想公司里那么多的员工，让他们干不得了。于是，老板一声令下，大家在不情愿的情况下放下手头工作去干活。

干了一会儿，一群女孩缠着老板说：“我们太渴太累了。”老板就去给大家倒水，但几个女孩心里很不舒服，笑着说：

“给你出力，总不能请我们喝开水吧。”老板也觉得自己太抠门，影响自己的形象，也打击大家的积极性，于是下楼买了一百多元钱的饮料。

中午吃饭时间到了，老板很纠结，一双双眼睛看着他，那意思谁都明白。平常大家都是叫外卖，十块钱一份的那种，如果今天再让大家吃盒饭，也太不像话了。老板便说到饭店请大家吃饭，一桌菜还有十几瓶啤酒和饮料又花了几百元。

不幸的还在后头，由于一些东西太重，某男士搬东西不慎跌下楼梯，人受伤了，由老板花钱去医院包扎；东西也摔坏了，还得去维修。忙完这一切，老板叫苦不迭，后悔要是花点钱找搬家公司该多好，不用请客，摔坏东西还得赔。

想想看，虽然小老板没花钱请搬家公司，使用了免费的劳动力，但却在人情等其他方面花了很多钱。不只他，很多人也是如此，嫌搬家公司贵，就找熟人，劳务费是省了，请客吃饭的钱却上去了，而且东西摔坏不能指责也不能让人赔。

在热播电视剧《我是你兄弟》中，邓超饰演的马老二在改革开放初期注册了自己的搬家公司。张嘉译扮演的马老大嘲笑说：“大家都有亲戚朋友什么的，谁花钱找你们搬家。”邓超就笑着说：“你落伍了吧，这是为他们省钱，而且有安全保障！”

总之一句话，节约要考虑成本支出，要看看这样节约值不值。必须明白，节约不是目的，而是结果。如果实现了节约目的，却在另一方面造成浪费，这样的节约没有任何的意义。因此在进行节约之前，做一个成本考量很有必要，看看这样做需要多少人情、时间、金钱和体力的支出，能否达到节约的效果，如果所付出的成本太高就要另作打算。

坚持使用破旧的家电、器具也是种浪费

一位朋友的家里有一台旧冰箱，是那种绿色的，在怀旧的电视剧中经常见到，同时还有一台老式彩电，以及一台修了又修的抽油烟机。据说彩电当年还是凭票购买的，老人对这些面目全非的旧家电有着很深的感情。

除了朋友自己用的那台苹果电脑够现代外，他们家没有几件与最新科技接轨的东西，仿佛生活在 20 世纪 90 年代，有时老人还经常捡一些废品回来。我说“你们怎么不换新的家电啊”，朋友说，他是很想换，但父母就是不舍得扔，说还能用，扔了怪可惜的，买新的得几千块，干吗浪费那个钱。朋友那时手里有十几万的积蓄，完全买得起。父母说让他留着结婚用。

朋友向我抱怨说，那些旧家电、厨具特别难用，有时真恨不得趁父母不在家时把它们卖给大街上收废品的。据他说，他们的冰箱制冷效果很差，经常接触不良，有时还漏电。而他们那台彩电已经无法辨认真实颜色，看得久了，两眼会发酸、模糊。他平常尽量不看电视。

再说那台老式抽油烟机，朋友开玩笑说，这些年的修理费用都够买一台新的了，还经常耽误做饭，把厨房弄得油渍斑斑、乌烟瘴气。后来再见到他，他又给我说了一件更恐怖的事情。有一天他妈妈正在做饭，抽油烟机突然冒烟，然后就燃烧起来，沉积多年的油垢慢慢地开始往下滴。幸好当时朋友在家，赶紧关掉电源，避免了一次火灾的发生。

至于为什么会这样，他们都说不清楚，大概是线路老化，再加上油垢沉积太多所致。专家还说那些多年的油垢在遇热情况下散发的气体能致癌。此后，他爸爸才同意买一台新的。朋友建议把其他破旧家电都换掉，他爸爸依旧说那些东西还能再用一段时间。朋友真不知道该怎么劝说两位老人。

在我们周围，很多老人都是如此，一些旧的快不能用的电器不舍得扔，还能勉强用的就继续用。儿女们劝他们买新的，他们喜欢用一套要节约、不能浪费的理由应对，让儿女无可奈何，不仅没有尽到自己的孝心，还整天替父母的安全担心。

老人不舍得去旧换新，除了跟长期养成的节俭习惯有关，还在于他们与这些旧东西有着很深的感情。这些东西就像自己养的宠物一样，伴随着他们走过一个个春夏秋冬，很有亲切感，老人每天看到它们才舒服。如果有一天它们不在了，老人心里会感到失落和孤独。这和老人喜欢住过去的老房子是一个道理。而且，有一些老人总是活在过去，对新鲜事物和新的生活方式，他们已经失去了兴趣。

但是，旧东西毕竟是旧的，“凑合”与“将就”有时起不到节俭的效果，更多的时候，反而给我们造成资源、金钱、时间、精力等方面的浪费。要知道时代总是不断向前进步的，技术也是不断在革新，从工业革命，到电力革命，再到微电子革命，我们的生活也随之变得方便和快捷，节省了大量的金钱和精力。

想想看，最早的电脑在运行速度、时间投入、电力消耗是今天的笔记本的多少倍？随着时代的发展，运行速度会继续提高，消耗会继续降低。如果我们现在还使用早期的电脑，我们所付出的代价是多么高。

电脑如此，冰箱、抽油烟机也是一样的道理。越老的东西工作效率越低，消耗的电量和人力就越大，用起来还十分麻烦。因为这个道理，企业才不断地革新机器设备来减少成本的投入；因为这个道理，我们才需要体验新的产品和新的生活方式。

旧家电和旧器具的浪费还表现在维修成本很高。人老了身体总是出问题，小病要打针吃药，大病要住院做手术。电器和机器也一样，用得时间长了容易出毛病，维持它们继续运作必须花费大量的时间和精力。就像我的朋友说的那样，维修的成本都够买台新的了，而且质量与新的还无法相比。因此，破旧立新、舍旧换新看似浪费，其实是在节约。

除了浪费问题，长期使用旧家电还有安全隐患。前面曾讲到食品有保质期，电器和电子产品等也有“保质期”，准确地说是安全使用期，过了这个期限，各种隐患就来了，如污染、噪声、漏电、火灾，等等。

因为一些旧家电、器具线路老化，内部零件变动或生锈、腐蚀，容易出现漏电、短路、漏气、辐射性强的情况。比如，旧彩电的辐射很强，对人眼会造成伤害；内部腐蚀的零部件可能引起显像管爆炸；超龄热水器也会引起爆炸现象，旧的煤气罐更是如此。

同时，长期使用的旧家电、器具还会产生一些有毒、致癌物质或气体。一些旧电器中含有镉、铅、六价铬、汞、聚合溴化联苯、聚合溴化联苯乙醚和多氯联苯等有毒有害物质，它们会造成健康隐患。比如一些电路板上有铅和镉；电视、电脑显示器有阴极射线管中的氧化铅和镉；纯平型显示器中的汞；电脑电池中的镉；电容和转换器中的聚氯乙稀；电路板中的溴化阻燃物；一些冰箱超期使用，管道腐蚀严重，绝缘状况不好，极易导致冰箱中的制冷剂和发泡剂泄漏。

它们的危害是非常大的，一些有毒物质和气体会造成人的中枢和脑神经系统、血液系统、肾以及生殖系统的损伤，同时对孩子的健康成长不利。

因此，作为子女要劝导和引导父母接受新的生活方式，接受新的技术。那种“新三年，旧三年，缝缝补补又三年”的传统观念，不能用在旧家电的消费上。我们自己也应该如此，没有适当“浪费”，就没有健康、安全的现代生活。

二手货买着便宜，用着很浪费

二手车、二手房、二手电脑、二手家电、二手家具……过去，我一直坚持一种观点，就是购买二手货是一种既省钱，又能尽快满足自己需求的消费行为。比如一个人很喜欢开车，可他买不起动辄几十万元的车。在这种情况下，若买一辆几万元的二手车，既能消费得起，又能提前跨入有车一族，比那些攒钱买车的人聪明多了，那些人说不定一辈子都买不起。

所以，有一段时间，我习惯了买二手货。虽然有些东西买二手货是不错的，例如二手家具等，但后来我慢慢发现，并非所有的二手货都能让自己省钱，说不定有时买的不过是一堆不中用的废品，能用却给我们造成浪费。

几年前，我为了方便写稿决定买一台笔记本电脑，但由于囊中羞涩，便将目光投向了二手电脑。我想，二手电脑价格便宜一两倍，是提前享受生活的好办法。我的一个朋友买了一台，据说只花了500元。我心动了，就去二手电子市场看了看，并看中了某知名品牌的二手笔记本，配置不错，也不破旧。

老板称这样的配置低于2000元买不到，去年才生产的，还说在他这里买保修一年，坏了随时拿过来。我体验了一下，用着还行，就以1900元的价格买下了。

回到家后，我才发现被骗了，电脑其实是2006年生产的。我买的不过是台过时很久的旧电脑，不知道什么时候就会寿终正寝。

刚开始用着还马马虎虎，写写文章不成问题，但仅仅一个月，电脑在死机之后便无法通过“修复”，必须敲“回车键”才能进入桌面。朋友说一次两次没问题，次数多了会损害硬盘，进而丢失文件。我当时花费一个星期写了几篇文章，结果有一天电脑提示，文件破损，无法打开，为此我痛苦了好几天，间接损失稿费2000元。我当时打电话问对方能修吗？他却说二手电脑就这样，你敲“回车键”能进去，就凑合用吧。这叫什么售后服务！

过年回家时，电脑适配器经常接触不良，必须用手摸一下才行，后来情况越来越严重，必须用一只手使劲按着才通电，想想那样子是多么可笑。父亲看着笑：“原来笔记本要这么用啊（他没用过笔记本，之前也没见过）。”

回到北京时电脑已经完全不通电了，我断定要么是电脑的问题，要么是适配器坏了，便拿着收据找那店主。店主检查一下说适配器坏了。我说要求保修，收据上写着保修期一年的。然而他却笑着说：“保修得交钱，我没有在上面说免费保修啊。”我又无语了，这叫什么逻辑。

迫于无奈我只好花150元在这家店买了一个新的适配器。

回到家后，朋友说那种档次的适配器60块钱就能搞定。之后电脑又出了几次问题，我没有再找到那个人，找了也没用，来来回回花了我不少钱。

用了大半年，机子越来越慢，就像蹒跚的老人，打开一个网页或程序，有时得许久才反应过来，一开杀毒软件就更慢了。那时Windows 7已经上市，我体验了一下朋友的电脑，感觉犹如坐和谐号，而我的电脑就像春节的加班车叫人抓狂。

我问朋友我的电脑能装Windows 7吗，他说不能，装了比现在还慢，因为你的电脑太旧，配置太低。我那时真后悔买二手电脑，虽然价值便宜，但却浪费了我的工作时间。换成其他电脑，我能多写多少文章，多处理多少事情，多看多少新闻啊。二手电脑虽然买着就几千块，再加上维修费用和浪费的电费，其实一点都不便宜。

这便是我买二手货的惨痛经历。我只是想说明，我们不能只看二手货便宜，还要看使用起来能否给你带来实惠，要从长期看，同样要有节约的成本考量。就拿开头提到的买车问题，你的二手车质量有没有保证，还能开多久，耗油量大不大。一位老大爷跟我经历很类似，他花300元买了一台日立牌旧彩电，回家用了不到一个月，显像管就坏了。老大爷找卖二手货的，对方却说他们不管质量问题，结果还是老大爷自己掏钱请人维修。

买二手货同样会遇到破旧家电问题，它们大多已经到了

“退休年龄”，或许超过了使用年限，存在安全风险、能耗问题、污染问题、噪声问题。但与破旧家电不同，你还不清楚自己的二手货是不是从正道来的物品，有没有相关合法证明。一些偷来、抢来的东西都会在二手市场卖掉，特别是那些二手汽车。说不定哪天会有警察来敲你的门。因此，来历不明的大型二手货要慎重买。

其次，二手货还可能成为传染病的媒介。二手货不知道被什么样的人使用过，他们有没有得过传染病，特别是那些二手的衣服和包包更容易传播疾病。因此，买来的二手货要尽量进行消毒和清洗。

此外，有些二手货明明是名牌，但里面的配置却可能是低档的。一些卖二手货的常常把收来的名牌产品的零件换掉，换成档次很低，或是已经快不能用的。而那些换下来的，则被他们当作零件卖掉，或者另行组装再出售。

说了这么多，我并不是劝大家别买二手货，只是给你一些参考。值不值得买，由你自己拿主意。也许你能淘到质量不错的二手货，但这要靠眼光和运气。

别总为明天节约，学着适当“浪费”一下

我有一个同事叫小陈，现在也是好朋友，很多年前我们曾

经在某工作室一起做图书编辑。他是一个北漂文学青年，住在地下室里，没有像样的家具，除了一张床，就是放电脑的桌子，一些衣物全塞在床下的行李箱里。

在公司里，他午饭时间很少出去吃，也没买过盒饭。每次都见他早上带着几个包子或鸡蛋灌饼放在后面的书架里，中午，等我们都出去吃饭了，他便就着开水吃午饭。面对一个如此节俭的人，我们联想到了电视和小说中那些描写穷苦孩子的情景，于是纷纷表示同情。虽然我们也有农村来的，生活也不富裕，但还不至于节省到这种地步。

我们开始猜测，他当时大概很困难，省钱是为了给家里的卧病在床的老母亲看病，要么是有几个上学的弟妹要靠他交学费，要么他是靠贷款和借钱上的大学，他要省钱偿还沉重的债务……种种悲惨的事情都被我们想到了。

然而有一天，小陈却兴奋地告诉我们，他买的基金一月内赚了700元。我们都目瞪口呆，我们谁都没余钱购买基金，只听说我们的老板买了一万元的基金，而他却一下子买了8000元的。在我们眼中，他俨然成了大款。

通过聊天我们才得知，我们当初所有的猜测都是错的。他没有沉重的家庭负担；哥哥姐姐结婚了，都能够养活自己；父亲在村里一个家具厂打工，每月也有千元的收入；他没有贷款上学，也没在落魄的时候借过别人的钱，比我们都有钱多了。有时，我甚至很羡慕他。

于是，我们又开始纷纷质疑，既然没有沉重的负担，没有债务，每月收入也不错，何必节省到了如此地步呢？一次到他的地下室玩，我就提出了我的疑问。看着他那“一贫如洗”的陋室，我对他充满了好奇。

他笑着说，不节省总觉得心里不踏实。

为什么呢？

他告诉我，只有在省钱的时候，他才对未来有安全感。他只想为明天积攒一笔财富，等积攒到一定的数目，再放心花钱，那时可以大胆地买衣服，去酒吧，去各地游玩，还想去周游世界；而现在乱花钱，那一天就会变成未知数。

我说，那你准备积攒到多少钱才会放心去花钱。

他想了想说，应该有个 100 万时，就没什么忧虑了，那时再找一份清闲的工作，快乐地享受自己的生活。

我疑惑地问：“为什么必须靠攒钱去实现这个目标呢？如果你通过自己的努力做到经理的位置，如果你写了一本畅销书，如果你去创业，完全可以赚到这 100 万。没几个有钱人靠省钱变富有的。”

他笑笑说：“我习惯了为明天过节省的生活。”

后来我们都离开了那个公司，他去了一家大的图书公司做策划编辑，几年后成了编辑部主任，年薪大概二十多万元，期间成功策划了几本畅销书，拿到不少提成，再加上几本书的稿费，已经存够了 100 万。

按照他之前的规划，他现在就可以过一种没有太多顾虑的生活。可是，相比以前，他不过在公司附近的小区里租了一间10平米的单间，虽然不再中午吃早晨的剩包子了，但也只是换成了10元钱的盒饭，平常也没有什么娱乐活动，与他的收入和身份很不匹配，明显落后应有的生活方式，也没敢交女朋友。

我说："你现在已经有了100万，实现了几年前的目标，可以放心去生活了，那为何还要这么节省，这么苛刻自己呢？难道你还觉得明天没安全感，不踏实吗？"

他说："是啊，当初我的目标太低了。当年，对于一个月收入1000元左右的小编辑，100万是个庞大的数字，但今天我发现这100万并不算什么。在北京这座城市，随便一个人都有可能是百万富翁。我还要买房、结婚、生子、教育、养老，等等，这100万并不足以让我放心地去生活。"他说自己现在又有了新的目标，就是辞职创业，希望自己能够赚到1000万，那样买房不是问题，也有足够的能力在这种城市过上舒适的生活。

我说等到你有了1000万后，是否还会像今天一样觉得还是没有安全感，依然要为明天节省，不敢乱花钱？

他说还真没想过。

望着他，我有些忧虑地提醒他说："既然这个'明天'会有无数个未知数，你期望的生活标准又在不断提高，你可能会为'明天'一直节省下去，恐怕到最后都不会有安全感……"

这就是我的一个朋友的故事。其实，我还遗漏一点，在他刚毕业时，一无所有，找工作四次碰壁。从那时起，他就十分节省了，盼望着能有一万元钱，那样他就可以适当地“奢侈”一下了。可从一万到十万，从百万到千万，他始终在为明天节省，无法放下心理负担好好地享受一下现在的生活，整天活在明天的忧虑中。

也许节约是一种很好的习惯，能够为自己积累财富，让自己心里感到踏实，这点是我们应该学习的。比如，当那些“月光族”到月底穷得身无分文时，当“月光族”为突来的疾病、失业手足无措时，节约者却能微笑面对一切，节约的好处就显现出来了。

然而，总是为明天节约的人，未必比“月光族”幸福，未必比他们过得轻松快乐。其实，两者都是极端的，前者享受了生活却没有“明天”的安全感，总有一天会吃到苦头；而后者为“明天”的忧虑活着，做足了准备，然而却牺牲了生活的质量和乐趣。

因此我觉得，奢侈、铺张浪费，做一个“月光族”，不积攒一定积蓄，是不值得提倡的。人应该享受生活，但必须根据自己的财力量力而为，也要为“明天”做好打算。同时，明明有资格享受生活，却总为“明天”节省的人，也应该适当地“浪费”一下，学会享受当下的生活。不然，你会像我的朋友一样永远都会有无数个“明天”要节省下去。

只存钱可能会变穷，乱“花钱”也能变富

老百姓习惯把钱存进银行，这是目前最安全、最普遍的理财方式，比把钱放在家里安全多了。但是你知道吗？你获得的利息根本抵不上钞票的贬值，钱存得越久，就越贬值。可以说，只会存钱的人，你未必在若干年后成为富翁，也未必比别人富有。

为什么这么说呢？道理很简单，因为物价在不断上涨，消费水平只会越来越高，同样100元的购买力在不断下降，而你获得的银行利息却没有上涨多少。你把1000元钱存进银行，过几年取出，可能会有一定的利息，但相对物价上涨，你却亏了，与那些拿1000元进行投资的人相比，你更是吃亏了。

2010年，在上海第一财经日报举办的“财商论坛”上，某基金管理公司首席投资理财师、基金策略分析师刘建曾说了一句令人震惊的话：“如果在1978年改革开放之初时，拥有100万元，单纯放到现在，只值当年的15万元。33年里，人民币货币贬值6倍多。中国民众是全世界最爱存钱的，但单纯存钱而不投资，会越存越穷。”

他还打比方说：“10年前，你的100万元肯定可以买一套相当不错的房子，但若放着不动，就贬值了17%。如果你在20

年前有100万元，你绝对可以买一个很好的别墅，但如果放到现在，没有做投资，就相当于只剩下65万元了。”

如果我们只知一味存钱的话，很难拥有更多的财富，必须让我们手中的资本有效升值才行。

专家的建议不是反对大家把钱存进银行，只是理财如果单单以储蓄为主的话，会有贬值的风险；要想保值并增值，最好在有一定存款的同时进行理财投资。比如目前常见的股票和基金，相比银行存款，收益大，但也有风险，投资需谨慎；此外还有可以购买黄金保值，以及这些年最热门的房产投资。

这样，你虽然比过去“乱花钱”了，但却让你有机会赚更多的钱。所以，现在的企业在经营实业的同时，还会广泛地投资，进而让资产升值。普通家庭也是如此。我有一个朋友，过去只知道存钱，后来见同事买基金、买理财产品获得了不错的收益，买了房也买了车，日子过得很滋润，就转变了自己的理财观念，开始尝试投资，目前收益还不错，已经尝到了投资的甜头。

知识衔接

购买股票、基金，买房投资的一些常识

一、购买基金

基金有很多种，从广义方面讲，基金是机构投资者的统

称，包括信托投资基金、单位信托基金、保险基金、公积金、退休基金，等等。狭义方面的基金通常是指证券投资基金，是我们下面将要介绍的一种，包括封闭式基金和开放式基金。狭义上的基金具有收益性功能和增值潜能的特点。其中，开放基金又分股票基金和债券基金等，风险相对较大且收益最大的是股票基金；债券基金受股市的影响较小，相对稳定一些。

基金购买的途径：

1. 银行。银行基本上都是代理各大基金公司的基金，费率高。

2. 证券公司。通过这种途径可以买的基金有封闭式基金、ETF、LOF等，费率较低。

3. 基金公司。可以在基金公司的网站上买，这要求你要开通某一家银行的网银才能操作，这种途径的费率较第一种方式低。

如何购买：

基金的起始资金最低是1000元，定投200元起。在购买时，可以一次购买和定额定投。所谓基金“定额定投”指的是投资者在每月固定的时间（如每月1号）以固定的金额（如500元）投资到指定的开放式基金中，类似于银行的零存整取方式。由于基金“定额定投”起点低、方式简单，受到广大80后的喜欢。

如何赎回：

当投资者有意将手中的基金进行赎回时，则可以携带开户行的借记卡和基金交易卡，在下午3点之前填写并提交交易申请单。在柜面受理后，投资者可以在5天后查询，赎回资金到账。

二、如何购买股票

股票是股份有限公司在筹集资本时向出资人公开发行的、用以证明出资人的股本身份和权利，并根据股票持有人所持有的股份数享有权益和承担义务的可转证的书面凭证。我们常说的炒股，指的是普通股，它是指在公司的经营管理和盈利及财产的分配上享有普通权利的股份，代表满足所有债权偿付要求及优先股东的收益权与求偿权要求后，对企业盈利和剩余财产的索取权。普通股构成公司资本的基础，是股票的一种基本形式。目前，在上海和深圳的证券交易所进行交易的股票都是普通股。

购买股票的程序具体细节：

1. 先到银行办一张银行卡，然后带本人身份证、银行卡，在股市交易时间，到证券营业厅开股东账户，费用一般为90元。之后营业部会给您一个客户号，以后您就用客户号登录交易系统。

股票的交易时间是每周一至周五（节假日休市）9：30—11：30和13：00—15：00，集合竞价的时间是9：15—9：25。

2. 办理网上交易手续。

3. 开通银证转账业务（含第三方托管）。

4. 下载所属证券公司的交易软件（带行情分析软件）在电脑安装使用。

上面的程序做完后，用你开通的账户号先登录网上交易系统，进入系统后，通过银证转账将银行的钱转到证券公司就可以买股票了。开户的当天就可以买深市的股票，第二个交易日可以买沪市的股票。当天买的股票只能第二个交易日卖出，卖出股票的钱，当天可以买股票，第二个交易日才可以转到银行，转到银行后，马上就能取用。

需要提醒的是，股票风险巨大，在选择时一定要小心。

三、进行房产投资

在老百姓眼中，最值钱的就是房子，很多人奋斗一辈子就是为了一套房子，可见房子的重要性。就因为不容易得到，更因为我们十分需要它，它才变得十分值钱。黄金可以没有，但房子不能没有。货币可以贬值，但房子却很少会贬值，甚至还会升值。

现在的房价一年高过一年，十年前与十年后，一个房子升值过百万也是常有的事情。于是，很多人进行房产投资。如果你单纯买一两套房子进行投资，不说赚多少，起码贬值的风险不会很大。在未来的几年内，中国人对房子的刚性需求不会下降，房子仍然是投资的热点。

如果你买房不是为了住的，那你在选择时，一定要考虑它的升值空间以及这个地段以后的发展。一般来说，这个地段有新建的商业区，有正在开发的新城，有大量的小区在兴建……具备一些潜力因素，房子的升值空间才大。如果你选择偏僻的郊区，或者环境不好的老城区，房子升值的空间就不是很大。

对于购买房子，这里面的学问很多，不要盲目相信开发商的售楼广告，小心不良中介，小心合同欺诈。不过，房子是大宗交易，动辄百万，要做房产投资，前提条件是你有足够的钱，不至于做房奴，目前不急于创业。如果没有足够的钱，在创业前最好不要买房，否则会成为负担。

第三章　爱占小便宜也是一种浪费

我们都有爱占小便宜的心理，每每看到商场打折促销，看到诱人的大奖，我们就趋之若鹜，对免费不要钱的东西我们更是无限神往。在这种心态下，我们很容易掉进商家的陷阱，或者占了小便宜却吃了大亏。比如有些促销不是物有所值，或是虚假降价，或是鼓动你购买一些用不着的东西。其实，商家都是聪明人，不会做赔钱的买卖。作为消费者，我们应该根据自己的实际需要，购买那些质量、服务有保障的东西。

打折商品不便宜

2010年的一天，朋友打来电话，说某大型商场搞促销，很多商品都大减价，好多人都在抢购，不去就没机会了。对我而言，除了那些打折的食品不敢买外，我对其他打折商品还是充满了兴趣的，说白了，就是有那种爱占小便宜的心理。

在朋友的邀请下，我走了好远的路才到了那家商场。进去后，发现里面真热闹，都是一些赶来捡便宜的人，以家庭主妇和老年人居多，都推着一车的物品等着付账。我来的目的是想看看某款手机降价了没有，如果真的十分便宜，我就在今天买下它。

而我的朋友却不同，凡是便宜的他都想要，降价一半换季的衣服、洗发水、五折的图书、台灯、手电筒、雨衣，还有他很少踢的足球等放满了车子。而我却两手空空，陪着他一路寻找便宜货。

我笑着说："这么多的东西你用得着吗？"

他说："便宜啊，先买了再说。"

来到手机的柜台，果然看到那款手机降了好几百，于是我就有了要买的冲动。但在询问之下才得知，这款手机比先前少了耳机、电池、内存卡等好几样东西，除了手机和一块电池，什么都没有，连之前送话费的活动也取消了。我恍然大悟，便拉着朋友离开了。

走着走着，看到不远处有一群人在排长队，靠近发现，原来某品牌电饭锅在做促销，只要领到优惠券，就可以花 100 元，买到原价 300 元的电饭锅。朋友觉得太值了，把东西丢给我就去排队去了。

我闲着无聊，拿出他买的一本书看起来，发现不过是本跟风的拼凑之作。我想朋友看了几篇后，一定会骂道："这是本什么破书！"

大约半个小时后，朋友才如获至宝跑过来。他问我说：“你就不买点东西回去，以后就没这么便宜了。”我告诉他，我暂时没有什么需要买的。

我当时实在是累了，拉着他想离开这里。他却站在那里仿佛计算着什么，然后说：“我刚才在门外的广告中看到，满1000元送200元，我已经买了900元的东西，再买100元的话，就是1000元啊。”于是，他又买了一条裤子。

付款后，朋友认真对了对，发现有几件东西的价格明显与货件上标的不一样。他就找收银员理论，却无功而返。

后来去朋友家，他向我抱怨说买了一堆没用的废品。那件衣服看上去有点过时，被人嘲笑，穿了两天就再也没穿过，那帽子也是；电磁炉用着还凑合，就是噪音很大；而那些足球、雨伞都在房间里放着，他从来没用过，把屋子摆得像个杂货店。

不知道这样的经历你是否遇到过。那些商场打折的促销活动，确实吸引了不少人的眼球。商家是聪明的，他们知道人们都有占小便宜的习惯，于是商家就抓住了大家的这种心理做促销，但是我们真的能占到便宜吗？

降价只是促销手段，以低价的宣传诱惑消费者去购买，至于是否真的那么便宜就难说了。

有的商家则是明降暗升，比如针对那些不好判断价格的商品，如服饰、不太知名的化妆品等，利用信息的不透明，提升原价，然后再以低价打折，给顾客造成很便宜的错觉。实际上，它们本身就这个价格。罗永浩在一次演讲中，笑称他在街头经常见一些小店吆喝清仓大处理，全场一律三到五折。然而好几个春夏秋冬过去了，那小店依然在吆喝着清仓大处理，难道还没处理完？想想都可笑。

还有的则是比原价少了很多东西，比如我在文章中提到的那款降价百元的手机，虽然便宜了很多，却少了很多配置和附带品。等你买来以后，还得去购买那些东西，来来回回，花得不比原价少。

再则，那些打折的商品难以有质量的保证。当你要退货时，商家会说打折的商品不退货，也不保质量。有些无良的商家把一些容易出毛病的东西卖给你，然后让你到指定地点维修，每次都收很多钱，还未必能彻底修好。

最后一点是，降价是一种购物诱惑，商家通过这种方式达到薄利多销，或是清理多年的积压产品。而对于消费者而言，那些打折的商品你是否真的需要，对你有没有使用价值，一定要考虑清楚。如果为了占那点便宜去买，买来一堆不需要的东西，实在是浪费，其实你一点便宜都没占到。

我那位朋友就是买了过时的衣服和不喜欢的帽子，结果没穿几天就将它们打入“冷宫”，其他的一些根本就没用过。很多老人也是如此，买了很多打折的商品，最后发现没几样用得着的。可是下次遇到打折的，他们还是抢着购买，可见这是消费习惯造成的。

因此，不要见到打折的东西就买，要看它值不值这个价钱，质量怎么样，是否保修。更重要的是，这件物品对你有没有使用价值，你目前是否需要它。用不着的东西再便宜都与你无关，一定要改掉自己爱占小便宜的小毛病。

大奖背后的诱惑和陷阱

小时候我很爱写作文，虽然是些“下雨了送同学回家”，“老师给成绩差的学生补课”，“母亲在微弱的烛光下缝衣服”等虚构的瞎话，但还是经常受到老师的表扬。

从那时起，我就飘飘然了，有了要当作家的梦想。然而，到了高中，我开始讨厌那些幼稚的作文表达，经常在作文中天马行空地乱写，我自认为是王小波笔下的那只“特立独行的猪”，“在沉默的大多数里”，我行我素。然而老师很少理我了。

我很不屑，开始投稿，只是想证明自己是个天才少年，写了很多篇，都杳无音讯。正在我绝望时，收到某文学大赛寄来的挂号信。信中说我的一首名为《家乡》的诗获奖了，将与其他获奖者的作品一起结集出版，还将有资格参加少年作家培训班。

我十分兴奋，感叹功夫不负有心人啊，自己终于要成名了。然而，信的最后却写道，所有获奖者必须交纳 80 元的图书出版费，才可以拿到获奖证书、奖金和样书。80 元在那年头对我是笔巨款，但想到马上要成名了，就有了要交钱的冲动。

我拿着信找到语文老师，原以为他会祝贺我，但没想到，他看了一眼，就笑笑说，骗人的。我说这个大赛有某某作家的题词，还有很多名人评委。他说那都是假的，之后没再理我。我便失落地离开了。

现在看来，那时真的是太天真了，对文学的迷恋和过度自信，让我失去了应有的判断。哪有获奖了还要交钱的，何况书出版了应该给稿费才对，不能由作者承担出版费用吧。而且那首名为《家乡》的诗其实很烂，用韩寒的话说，随便敲几下回车就自以为是诗人了。

很多年后，我到北京做了图书编辑后，才知道这类以文章中奖要钱的骗子有很多。他们在报纸、杂志、论坛等发布虚假信息，让你投稿；之后说你的作品获奖了，但必须交纳报名费、书籍费，等等。最后你要么得到一本山寨获奖证书和印刷粗劣的盗版书籍，要么再也找不到他们的影子。

在生活中，这样的中奖陷阱何止出现在文学界，在各个角落里你都会遇到。只是，受骗者不再是想获奖的文学青年，而是一群以为天上会掉馅饼的人。如今，你打开“博客”、“空间”，看到有人以系统的名义给你发“纸条”、“留言”，说什么恭喜你中了笔记本电脑一台，下面给你提供网址确认。一旦你信以为真，就有可能掉进陷阱。

某白领平时喜欢待在家里上网，一天无意进入一个页面，上面说某大型集团为回报消费者的厚爱，在本月进行抽奖活动，凡填写详细资料进行投票，就有机会获得1000元到10万元不等的奖金。她是该集团的消费者，网页上还有该集团的标志，觉得这么大的企业不会骗人。不花钱还能抽大奖，这么大的便宜她不想错过，于是填写了资料，投了一票。

一个星期之后，一位自称该集团的客服打来电话，说恭喜她中了10万元的大奖。女白领十分激动，简直不敢相信自己的耳朵。正当她问如何领奖金时，对方却说，必须交纳2万元的个人所得税才可以领取。在大奖的诱惑下，她就按照对方提供的账号汇了2万元，还自己交了手续费。

之后，她便等着对方给自己汇钱，可等了足足一星期，也没动静。打电话没人接听，过了几天对方的电话竟然停机了。这时，她才有了不祥的预感，给该集团打电话，询问是否有抽奖之事。对方告知该集团从未举行类似活动，建议赶快报警。

此类案件很多，虽然名目繁多，但最终还是为了骗钱，除了骗交个人所得税，还有骗交押金、骗保险费、公证保险费的。对于大部分人而言，遇到交钱的都会多个心眼，可一些爱占便宜的却偏偏经不住诱惑，可见人的贪念很可怕。以后遇到此类事情要提高警惕，识别骗子的骗术，不要随便汇钱，若是上当就及时报警，把犯罪分子绳之于法。

此外，一些中奖未必是骗子行为，但会通过抽奖方式诱惑人购买东西。为了得到奖品，大家抢着购买，也不管质量如何，是否需要。但能抽到奖的只是个别的，大部分人都什么也没得到，甚至有时里面根本就没大奖，商家只放了几个额度很少的奖诱惑你。所以，不能把消费当成投机行为。想投机，不如去买彩票，安全可靠，还能支持慈善事业的发展。

知识衔接

其他一些需要警惕的中奖陷阱

(1) 奖品是免费的，但想拿走得交钱。

一些商家让你抽的奖品是免费的，但是你想拿走东西时就没那么容易了。张先生就遇到过这样的情况，他在一个商场抽得了一个自行车，当他兴高采烈地去领奖时，工作人员告诉他，车子是免费的，但必须交纳 200 元的抽奖费，否则不能拿走奖品。王先生觉得抽奖费比同品牌的自行车的价格便宜了一百多元，就把钱给了他们。但自行车使用了不到半年就坏了，其实张先生拿到的不过是冒牌的山寨自行车。因此，遇到这样的情况不要轻易给钱。

(2) 抽奖是收费的，但最后拿不到商品。

一些骗子在活动现场摆出诱人的万元和千元商品让你抽

奖，但要获得抽奖机会，必须交纳 20 元才行。为了碰碰运气，一些人就交了 20 元，有的还真抽到了彩电、冰箱之类的奖品。但领奖时，工作人员告诉你，刚才那些只是样品，奖品都在仓库里。他们让你留下地址，说会主动送上门，于是你就回家等，但你等了几个月也没等到奖品。因此，只要不是福利彩票，交费的抽奖要小心。

（3）口香糖里的中奖陷阱。

在一些小商店购买的口香糖会有“中奖”刮奖卡，奖品十分诱人，从轿车到自行车，从彩电到冰箱，从名牌大衣到化妆品五花八门的，上面还标明抽奖活动经过公证处现场公证，并在中奖卡上留有公证电话。专家提醒说，他们的诈骗方式同样为以收取“公证费”“手续费”“税务费”等方式诱骗你将钱汇入他们的账号，以达到诈骗目的。

（4）打着知名电视栏目幌子的中奖陷阱。

有些骗子会利用知名栏目进行诈骗，他们往往自称是某栏目组的，说你是幸运观众，获得了大奖，并给你提供活动网站。网站有主持人的照片，有知名栏目的各种介绍，让你信以为真，一步步引你上钩。有一个市民反映，有自称“非常 6＋1”的工作人员给他发中奖短信，说是被栏目组抽选为二等奖，将送出现金几万元，但必须登录活动网站领取，短信中还附加了验证码。抱着试试看的态度，该女生就按照短信提示登录了网站，并输入相关信息，随后网页上出现了要求缴纳 1600 元的担保金才能发放奖品的提示。她感觉是骗局，就没有把钱寄给他们。

（5）冒充能帮你中彩票的大骗子。

这些年买彩票的人越来越多，谁都想中个5百万元的大奖，哪怕是5千元也行。于是，骗子们就抓住了人们想中奖的心理进行犯罪，比如近来出现很多可以预测彩票中奖的网站，以“轻而易举中大奖”、“国内最权威的专家彩票预测网”、“只要缴纳会费就可以知道86%以上准确的预测结果”等进行公开承诺。对于这些信息，不要盲目相信。如果他们能预测的话，早就自己买了。你交了几千元的会费，最后还是一无所获。

别让累计积分成为一种购物瘾

我平常在家很少喝饮料，但出门办事口渴时，会在路边的小店买一瓶饮料。有一次，我花三元钱买了一瓶某品牌的橙汁，在等车无聊的空隙，我看到上面有一则积分广告，写道：“凡是购买本产品的消费者，都有机会获得数额不等的积分，当积累到500分后，可以得到大桶可乐一瓶。”并注明积分在瓶盖内。

看到这个广告后，我就好奇地把瓶盖翻过来看，没想到里面竟然有100分。我想再有400分就可以得一瓶可乐了，计划

着下次还买这个牌子的橙汁。没过两天，我又买了一瓶，里面却是“谢谢品尝”，有点失落。下次再买饮料时，我犹豫了一会儿，最后还是买了该品牌的橙汁，这次发现里面有50分。

为了那大瓶可乐，此后的日子里，我习惯性地买该品牌的橙汁，渐渐地成瘾了。这种瘾不是来自味道，我想大概来自大瓶可乐的诱惑。很多时候，明明不想喝，但想到再增加几个积分就凑够500分了，我就不由自主地买了。后来积分越来越多，我终于得到了大瓶可乐，有了那种占到便宜的快感。

不过，我发现那个夏天我买饮料的数量明显增多，当然额外的支出也多了。这时，我有种被人骗的感觉，那大瓶可乐真的很好喝吗？不过是我想占便宜的心理在作祟。为了得到500分的积分，我不断地购买他们的产品，虽然得到了一点廉价的赠品，却为此比平常多付出了很多的消费支出。

这样的情况还真不少，上瘾的不止我一个。商家为促销什么五花八门的招儿都会想到，什么“再来一瓶”“买5瓶送一瓶”，还有积分抽大奖，等等。商家从消费者心理出发，给出一点看上去能让你占到便宜的实惠，诱惑大家去购买。

于是，为了得到那点实惠，一群像我一样的人，超出平常的消费需要去购买这些商品，在不知不觉中形成一种购物瘾，不买总觉得自己要吃亏，买了却造成浪费。而商家虽然损失了一点利益，但整体上的销量增加了。而我们却没占到真正的便宜，还为此付出了很多。比如你平时只买一瓶饮料，有了这种购物瘾之后，你会比平常多买几倍，甚至更多。何况不止你一个人会这样，就全国而言不知增加了多少的销量。

有的企业动不动吆喝要在全国免费送出多少万瓶产品，我还曾经担心这样做会不会少赚很多钱，现在才发现其实商家太聪明了，太懂得大众的消费心理了。在他们看来，舍得眼前的小利益，才能获得大回报。

形象点说，商家丢了一个芝麻，得到了一个大西瓜；而我们得到了一个芝麻，却付出了一个西瓜的代价。因为对于你而言，平常只需要一个芝麻就够了，但在购物瘾的驱动下，却买了相当于西瓜价值的芝麻。

这样的促销手段不只是做饮料的企业会，在很多地方都会遇到。比如你到超市买东西，超市的工作人员告诉你，如果你在本超市购物，将有机会获得积分，达到一定数额，可以兑换本超市的物品。从那以后，你开始经常去那家超市购物，菜市场去的次数少了，小店铺去的少了，一买东西就想往那跑，仿佛成瘾了一般，消费支出明显增多。虽然你买到了物有所值的东西，也用积分兑换了商品，可是，有多少是你本不应该去买的？

此外，打手机有话费积分，使用某产品有积分，享受某服务有积分，玩游戏有积分，到饭店吃饭也有搞积分的。但不管哪种形式，都是为了刺激你的消费欲望，引诱你去不断地购买，使你成瘾。因此，作为消费者，应该清醒地认识到商家这

一点，别把积累积分当成购物的目标和动力。购物的目的是为了满足自己的需要，当你需要时就买，不需要时再多的积分也不要心动。

还有一点要提醒大家，商家的积分是有期限的。如果你不在规定时间兑换，要么作废，要么化整为零。比如，一些通讯公司表示，话费积分如果年前不兑换，系统会在年底把用户的积分清零。

免费的东西“不免费”

人们不仅爱占折扣、积分这样的小便宜，那些像天上掉馅饼似的的免费东西，更能诱惑某些人的贪婪心。不花钱就得到想要的东西，这是何等的美事。在2011年郭冬临的小品中，他的妈妈不仅爱买打折的便宜货，更爱要那些免费不要钱的东西，如免费电话卡、免费美容卡，等等。结果，郭冬临扮演的儿子为了不让妈妈失望，就自己充了百元话费，如果不是老婆制止，还准备往美容卡再充3000元。其实，很多人都有这种心态，无论什么免费的东西，都想要到手。

可是免费的东西你敢要吗？

我们知道，买东西要付钱，不给钱没人白给你。所以，商家不会白送东西给你，做生意赚钱才是最终的目的，不会亏本打折，也不会免费送东西。虽然比尔·盖茨、巴菲特愿意捐出自己一半的财富，但是，如果他们的企业不赚钱，能这么慷慨吗？

在企业发展过程中，盈利是第一追求，行善只是公司经营之外的道德修养，比尔·盖茨依然会希望微软公司的市场占有率继续提高，去赚更多的财富；巴菲特依然希望股票实现更大的增值。

因此，商家无论打折，还是免费送东西给你，总会想办法在其他方面获得利益。比如，这件衣服打折，可能其他衣服却涨价了；有的东西是免费的，但要让这件东西有使用价值，你还必须花钱买另一件更贵的商品。商家同样是损失一个芝麻，得到一个西瓜；而我们得到了一个免费的芝麻，却要为此买一个大西瓜。

某商场，一个洗发水的销售员在免费送小瓶的护发素，吸引了很多人围观，有的人抢着要。等发完了，销售员说这种洗发水最好不要与其他洗发水一起使用，否则会损伤头皮，还能致癌。大家就问，那该怎么使用才好呢？销售员笑着拿出身后的一瓶洗发水说，最好与这款洗发水同时使用，效果非常好。接着，他就推销那瓶洗发水。为了让免费的护发素能用，大家不得不买那瓶洗发水。

我还记得去年冬天在某地铁站，有人用扩音喇叭吆喝免费送手机，附带绑定的手机号。一群兴高采烈的人围得水泄不通，都想得到那款免费的手机。但那些人说了，人数太多，不够发，就拿出一沓卡，谁抢到卡，谁就有机会得到。结果现场一阵混乱，差点打起来。

而拿到卡的人找工作人员要手机，但工作人员却说了，必须往这个手机号里充500元的话费，还说充了之后，再送300元的话费。于是，很多人犹豫了。但有的人想了想，花500元话费能得到一个手机，还送300元话费，就等于200元买了一部手机，很划算，就掏钱买了，也不问质量，不管有没有发票和保修卡。

那天，我朋友也得到一个，拿回家后，他开始后悔。自己明明有手机，为何还要花500元买一款早已淘汰掉的山寨手机，也没有让自己感兴趣的功能。何况手机号还要绑定手机，不往这个号里充钱，手机不能用，号也不能用。用了一个月，来条短信，说电话费必须在月底用完，否则将被通信公司收回。从那以后，那款手机他再也没用过，白花了500元钱。其实，对通信公司而言，话费是没有成本的，而那款淘汰的手机也不过300元。

有的时候，免费只是一个诱人的幌子，让你花钱才是目的。你在大街上走，一个漂亮的小姐过来，说你的皮肤不错，如果再做做美容护理就更好了。你说自己没做过，也不想做。小姐就说："我们店在做活动，可以免费给你美容护理。"免费？你想既然不要钱，不做白不做，就怀着激动的心情去了。

一切准备好后，你静静地躺在那里，等着她们开始。这时，她们用温柔的声音询问你，要不要做效果更好、没有任何副作用的护理。你担心地问，难道这种免费护理效果不好，有副作用吗？对方笑着表示，收费的肯定是最安全有效的，接着开始介绍她们的收费的护理服务如何如何的好。你很不好意思地听着，听到最后，不做都让你觉得对不起她们，糊里糊涂地就做了一次收费美容，几千元转眼没了。

因此，不要把商家当成慈善家，也别天天幻想着遇到天上掉馅饼的事情。对于那些免费的东西，要保持警惕，看它是真免费，还是存在陷阱。对方用免费的幌子引导你去购物，若恰巧是你需要的东西，且物有所值，可以考虑购买，如果根本不需要就别盲目购买。任何时候，都应做到理性购物。

一分钱，一分货

我们常说“一分价钱，一分货”。好的产品，好的服务，价格和收费自然就贵点。而那些价格和收费低点的，很多质量一般，档次低，或者里面存在着猫腻。比如那些“特价旅行团”、“特价套餐”、“买 100 元送 100 元的电话卡”、“超值套装洗发水”，等等。

就拿有些低价旅行团来说（本文只说某些），动不动号称千元游遍欧洲、东南亚，百元游遍国内几大景区，吸引了很多图便宜的游客加入，但体验之后，才知道什么叫实惠的“特价游”!

据报道，有的低价旅行团为压缩成本，缩短行程，让你住最便宜、最偏僻的旅馆，吃最难吃、最不卫生的饭菜，看一些不花钱的免费景点。有时行程十分匆忙，往往这个景点还没看几眼，就通知你去下一个地方。这种情况下，你能享受到旅游的快乐吗？再好的心情也会被糟糕的旅游搞得郁闷不堪。

若是国外游，他们为了缩短行程，会让你不停地坐车，真正游览的时间很少，大部分时间都在车上看风景了。对于这样的旅游，还不如坐在家里看外国大片呢，既能欣赏异域风情，也不至于舟车劳顿、身心疲惫。

比上面这些旅行团更可恶的是，一些低价旅行团费用很低，但他们通过别的方式赚取你的钱。比如会强迫旅客购物、看收费的景点，你若不买不看，轻则对你态度很差，重则还会恶语相加，甚至危及你的人身安全。

这些低价旅行团把旅行之旅变成了购物之旅。你大部分的时间不是在看风景，而是商店、商场进行购物，或者由导游领着你们到指定的饭店和娱乐场合去消费，几天下来，花的钱比你的“团费”都贵，明明是低价游，却变成了高价游。如此一来，还不如参加一些信誉、服务比较好，价格贵一点的旅行团。

因此，不要图便宜盲目相信一些所谓的低价游。专家提醒，一些低价旅行团存在着广告误导、合同违约、随意转团、强迫购物等违规现象。在选择时一定要查看旅行社是否有合法资质，通过朋友打听这个旅行社怎么样，或到网上看看大家对他们的评论如何。如果该公司曾有劣迹，就换其他旅行社吧。

如果你觉得该旅行社没问题，就签订旅行合同，这样才能约束对方，让自己的利益有法律的保障。合同中的服务项目要详细了解，比如出行方式，有多少团员，吃住是否自费，几天的行程，主要有哪些游览的计划，等等。

如果旅行途中遇到强迫购物的行为，不能做任人宰割的沉默羔羊，被骂了也不敢还口，越是集体沉默，越被宰割；同样，也不能火冒三丈，大打出手，应该和别的团员一起与他们周旋，或者求救于当地的警察。同时，当你的合法权利受到侵害时，你应该拿起法律的武器保护自己。

不仅“特价游”有些不靠谱，其他“特价商品”也需要消费者在购买时擦亮眼睛，以免上当受骗。

第四章 “浪费”有时很“超值”

在现代社会，省钱可以减少我们的支出，但同时也在影响着我们办事的效率。为了享受高效、快捷的现代生活，有些地方我们必须多“浪费”点钱才行。比如在市区租房子，虽然价格很贵，但你上班方便了，省下的时间可以去做更有价值的事情，包括兼职赚点外快。比如你有重要事情，选择坐出租和飞机完全不是浪费钱的行为。还比如，我们可以花钱买服务，把一些杂事分包出去，让我们少了家务的烦恼，安心去工作。

在市区租房有时比郊区还“省”

对于在大城市里生活，又没房的外地人来说，总会面临租房的问题。前面我还曾提到，政府出台了限购令，还整顿了地下室、隔断房等，使得“蜗居”和“蚁族”们天天为一个能睡觉的地方伤透了脑筋。

一部分人为了上班方便在市区租房，天天晚上在网上寻找房源，有空就看房，经常不是被人提前租走了，就是价格特别贵。一部分人则去了偏远的郊区，虽然价格就几百元，节省了房钱，但离市区越来越远，条件也比较差。郊区出行更不方便，郊区的公交线路少，人员拥挤，路途也遥远，加上等车的时间，有时一天往返得 4 个小时左右，足足有半天时间在拥挤的路上看风景了。

住在市中心的小区里是方便，但价格很贵，有时一个床位都要 300 元，租一个无隔断的房子在北京要几千元钱。可我仍然觉得，对某些人而言，在市区里租贵点的房子，还是比在偏远的郊区要省，为何这么说呢？

这还要从我与一个女孩的 QQ 对话说起……

在 2010 年，我打算继续尝试写小说，便将几万字的样张发给了一个朋友看。她之前与我是同行，也编写过几本书，后来去了一家图书公司做策划编辑，负责给公司选稿。

样张发给她后，我焦急地等待着回复，可问她了几次，她都发个笑脸说还没来得及看呢。我当时有点失落，后来才知道，那段时间她很忙，公司里一堆工作要做，下了班还要在公司附近找房子，忙得都快吐血了！

原来，她找到这份工作后，就从昌平某小区搬到了大兴郊区。当时，该公司在大兴有一个职工宿舍，供员工免费居住。她觉得不要钱，也省得找房子了，就搬了过去。

可住了不到一个月，她就受不了了。公司宿舍离市区很远，在一个偏僻的山脚下，离市区大概有一两个小时的车程。她每天必须起很早去公交站等车，不然就会迟到。再者，那是集体宿舍，很多人住在一起，完全没有个人的空间，还不能上网。她之前在业余时间会给出版社写稿子，在这样的环境下，根本做不到。

她原以为自己可以适应这种生活，但仅仅住了一个多月，就有了要搬家的冲动。在那些天里，她一边忙于烦琐的工作，看那些仿佛永远看不完的稿子，并同时活跃在论坛、QQ群里，寻找好稿子，报选题，一边利用中午、晚上和周末的时间去找房、看房，累得两腿像要断掉一般。

看了大概半个多月，她也没找到合适的，不是看不上，而是公司附近房子太贵，主卧、次卧少了2000元租不到，而非隔断的小单间也得1000多元。到最后，她决定租下一间不足10平方米、很旧、价格在1300元的房子。

在QQ里，她带着喜悦又悲痛的心情抱怨说，这些天快累死她了，马上又得搬家。我笑着说，痛并快乐着，你马上就可以住在市区了，上班多方便啊。她依然抱怨道："我几乎花掉所有的积蓄，这次必须老老实实为公司效忠了，不敢再跳槽了。"

突然间，我产生了一种"浪费是一种现代生活"的观念。我告诉她："虽然你花了很多钱在市区租了房子，相比以前免费的单身宿舍很奢侈很浪费，但你却节省了宝贵的时间，有了足够的个人空间，并且出去办事很方便。假如利用这些时间努力工作，多报几个选题，多完成几个项目，多学点东西，多交一些朋友，你的能力提高了，经验丰富了，前期能让你加薪拿到提成，长期还有升职的希望。

利用你的职业优势，你还可以把这些节省下来的时间用来做一些有收益的兼职工作。比如写稿子拿稿费，接点私活，等等。你有这种条件和能力，假如稿费千字 50 元，你一天写上 1500 字，哪怕 1000 字，一个月也有上千的外快，如此算来，你比住在郊区还多赚了很多钱。

她发来一个笑脸，说目前只能这样安慰自己了。过了一会儿，她又说你的观点确实有经济学的原理，为省几个房租钱，丧失更多发展和赚钱的时间和精力是不值得的，还不如多花点钱，“浪费”却很有价值。

当然，我只是针对一部分人而言，有的人就不适合住在市区，住在那里只能浪费自己的钱。比如，你没钱，省下的时间都用来吃喝玩乐，也没有能力把自己的剩余时间用来兼职赚钱，你的浪费只能是浪费。

我自己就是很好的证明。当初我住在顺义的后沙峪一代，那里是偏僻的北京郊区，背靠首都国际机场，当时还没有通地铁，去市区只有一条路可以走。当然房租十分便宜，一两百元的很多，小区里的房子也不贵。当时我在附近的一家文化公司

工作，到公司不过几分钟，每天都有大把的空闲时间，便开始尝试做一些兼职。一年后，我决定辞职往市区进军，去寻找更广阔的发展空间。

很快，我便在望京一家公司找到了工作，由于是之前没做过的，不是很成功，在被炒鱿鱼之前，提前炒掉了老板。接着继续找工作，我当时并不着急，房租很便宜，还做着一份兼职，没工作也饿不死我。半个月后，我去了位于三元桥的一家公司上班。

虽然在市区有了一份工作，但住的地方太远。从后沙峪到三元桥当时只有一条路，公交拥挤，在望京一代还严重堵车，来回得将近3个小时。为此，我必须每天6点起床，洗漱完毕，在街边买两个鸡蛋饼当早饭，就去车站等车。

下班后，走到车站将近晚上6点，再等半个小时的车，回到家有时都8点半了，还要做饭、洗衣服、看新闻。一切忙完，都深夜了，我腰酸背痛，精神恍惚，第二天又要上班，哪还有时间做兼职，也没时间学习和见朋友。周末我去市区买书、买衣服也不方便。窦文涛在《锵锵三人行中》中，对梁文道说，在北京出门一天只能干一件事情。他说的还是开私家车，若是在郊区坐公交，情况更糟糕。

于是，我想到了搬家，但在网上查了查，发现三元桥的房租是郊区的很多倍，我觉得实在太浪费了。可我转念一想，如果利用省下的时间多做一些兼职，不就弥补回来了吗？事实证明，我的选择是正确的。搬到市区后，我不再挤公交，也没了交通费，到公司就几分钟而已，吃早饭的时间都有了。我有了大把时间做点兼职，平常出去也方便多了，每天都可以做很多事情，剩余时间让我创造了额外的价值，收入比过去不仅没减少，还增加了很多。

再后来，我辞职做了自由职业者，我便又回到了郊区，地点换成了海淀西北旺。因为这时住市区实在没必要了，在郊区也用不着坐车、等车，房子大，也舒适，每天的时间都是空余的，再到市区租房子，实在浪费钱。

可见，到底是在郊区还是在市区租房，要根据自己的职业特点而定。在市区上班，又能利用时间创造价值的可以考虑。若是钱不多的自由职业者，没有兼职收入的“蚁族”，就没有必要挤在市区了，在郊区租一套房子肯定很舒适。

其实，正是与朋友的这场谈话才给了我创作这本书的灵感，让我意识到，有时“浪费”比节省更“省钱”，“浪费”可以成为一种更健康、高效的现代生活方式。生活中的很多事情都可以用这个理论去解释，比如前面提到的“扔掉烂苹果”“不用旧家电”“不迷打折商品”，以及下面将要提到的“不买次品货”，舍得在“健康”“教育”“管理”上付出和投入。几天后，我开始构思，年后投入内容写作，但书中涉及的很多问题却是我多年的观察积累。

不要总是挤公交，打的有时不奢侈

本节内容是上节观点的延续。

既然在市区租房可以比郊区省钱，用在打的还是坐公交的问题上也是同样道理。当然这也是针对某些人而言的。对于普通的上班族而言，他们的收入不高，消费有些保守，平常出行都是采取坐公交的方式，即便遇到急事，也不舍得破费，结果往往是经常迟到、耽搁事情、让朋友久等。这还只是生活中的损失，在工作中的损失更多，小则迟到扣钱，全勤奖也没了，大则会丢掉一次面试机会、一份工作，或者丢掉一个客户和大单。

杨柳过去是一名普通文员，基本上都是待在办公室里处理一些琐碎的事情，收入不高，也没什么激情。她习惯把自己当成“蚁族”，在城中村与几个姐妹一起租房子，平常都是坐公交上班。后来，同住的几个姐妹陆续搬走，有的做了记者，有的成了广告公司的策划。只有她混了几年还没什么变化，连男朋友都没有。

于是，杨柳想改变自己，想换一种方式去生活。她在经过一番激烈的思考后，毅然辞职了，在朋友的帮助下，找了一份很有挑战性的工作。该工作要经常出门给公司办事情，或是联系顾客谈合作什么的。通过朋友的指点，以及在自身的努力下，她进步很快，收入也跟着提高。同时，生活节奏也快了，每天都有新的任务等着她，累却有激情。

杨柳学会了打扮自己，舍得买一些有品位的衣服和化妆品，但她还是舍不得坐出租车。在她看来坐出租车太奢侈了，起步就十几元，而坐公交只有四毛钱（公交卡），坐地铁也就两元钱，不如省下那些钱多买几件衣服。

在杨柳看来，自己还不是什么高级白领和金领，应该把钱主要花在衣服和化妆品上，这些东西都是展现给大家看的，是形象问题，而坐什么车就无所谓了。何况在北京这座城市里，出租车未必有公交车跑得快，遇到堵车都得停。所以，她很少坐出租车，出去办事情尽量坐公交和地铁。然而有一次，为了省几个坐出租车的钱，她失去了一个很重要的客户，没了奖金，不久还丢掉了自己的工作。

那次公司和一个大客户正在谈一笔项目，但该客户也被其他几个公司同时盯着。杨柳作为公司代表，一直在和该客户谈。有一天，该客户主动请几个公司的代表到某咖啡厅一起聊聊，约定在次日上午12点左右会面。客户的目的很明显，他想通过这种竞争的方式，选择条件更好的合作公司。

公司很重视，不管客户提什么要求，都是要合作的。为此，经理专门找杨柳谈话，要求她第二天务必拿下该客户，还开出比较优厚的条件，并做了详细的安排。为了第二天见客

户，杨柳做足了准备，包括如何击败对手，如何突出自己的优势，如何赢得客户的信任。她对这次合作很有把握。

第二天，杨柳早早就坐公交去了公司。她觉得时间很充裕，用不着坐出租车去，还是做公交去吧。她在网上查了具体的线路图，转两次公交就可以到达，都一一记在了小本上。到了上午10点，她就拿着合同出门了，原以为能提前到达，但情况却十分的糟糕。

那天路上很堵，公交车慢慢悠悠地到达转车的地点。下车后，她想马上就坐到第二辆车，可等了足足半小时那辆车才到。原来这路车每一个小时才发一班车，她是第一次坐，根本不知道这情况。中途还下了大雨，眼看还有不到一个小时的时间，她变得着急起来，只希望司机能开快点。可是，倒霉的事情总会在你不期望它出现的时候偏偏到来。司机不小心与一辆小轿车相撞，双方停下车争论不休，等待警方处理。

眼看要迟到了，杨柳马上下车。当时离咖啡厅还有几站地，后面的车迟迟不到，她这才打算坐出租车。不过当时她已经被雨淋得不成样子，头发凌乱，衣服和皮肤贴在一块，里面的内衣还若隐若现，鞋子上也满是泥巴。下车后，她原本想到商店买件干净的衣服，但时间已经来不及了，只好直奔咖啡厅而去。

可以想象，当她以那副姿态出现在咖啡厅时，样子一定很可笑。她尴尬地与他们打招呼，说话结巴起来。当她拿出合同，想让客户看看时，却发现合同被雨水湿透，黑乎乎的一片。客户笑着摇头，那天她看着客户当着自己的面与别家的公司签约。

回来后，她被老板臭骂一顿。她想如果自己当时坐出租车就不会出现那些倒霉的事情，说不定还能拿下那个客户。但说什么都晚了，领导觉得她做事毛毛糙糙，只会给公司带来麻烦，就炒掉她了。

通过这个故事，我只是想说明，上班族该节省的时候可以节省，但该“奢侈”的时候，就要舍得去“奢侈”，不要为省一个芝麻，而丢掉一个西瓜。有时“浪费”也有它的好处，可以提高工作效率，也可提升你的职业形象。

如果你有一定的收入，经常坐出租车不是负担的话，你就可以省去等车、被雨淋的烦恼，成为一个懂得利用时间的人。想想，如果一个集团老总、一个任务繁忙的经理每天坐公交上班，他将会耽误多少事情。即便你的收入一般，在遇到一些特殊事情，比如即将迟到、见客户，或急着去做一件事情时，该坐出租车就别犹豫。

坐飞机未必是烧钱

从三元桥辞职后，我重新回到了郊区租住，这次不是顺义，而是海淀西北旺。那地方三面环山，地方十分偏僻，却聚集着从唐家岭“迁徙”过来的“蚁族”，交通依旧是最不方便的。我当时正在写一本关于“蚁族”的书，面对这些人，正好能给我创作上的灵感。

由于不再上班，我就没了交通上的烦恼，平常也很少出去，算是闭关写作吧。但是新的问题来了，来找我的朋友变得不方便起来，以致他们都懒得来，因为来一次实在太麻烦，就仿佛从上海到北京那么遥远一般。

记得有一天我准备到国际展览中心去看书展。我坐上公交几分钟后，接到了老王（一个记者朋友）的电话，他说今天要来找我玩，还带来一个北漂的文学青年（他的高中同学）。我问他在哪里，他说在双桥附近，正准备坐地铁，我让他到西苑地铁站下，我去那里接他们。那里是离我最近的地铁口，大概需要一个半小时的车程，若是堵车会更长。

到了西苑后，我左等右盼就是不见他们出来。实际上，他从双桥上车，从八通线转 1 号线，又从 1 号线转 4 号线，到西苑站也得一两个小时的车程。等他出来，已经是临近中午了。之后，我们去站台等“特 6”公交车。等车间隙，我们靠在栏杆上聊天，错过了一班车，等第二辆车来时，已经是二十多分钟后，他的同学已经有些不耐烦了。然后，我们坐上了车，又颠颠簸簸近一个小时才到我的住处。

下车后，已经是下午一点多，我朋友笑着说，找你一趟真不容易了，这距离，这时间，都够我从北京坐飞机去上海采访了。说完我们三个都笑了。其实，那天他来只是介绍他同学认识我，然后问几个出版社编辑的联系方式。然而如此简单的事情，却因为交通变得如此复杂和艰难，早晨出门，晚上才能回到家。

从这次经历中，让我感觉到了时间和速度在现代社会是多么重要。住在同一个城市的两个人，甚至比住在南北两个城市的人距离还要遥远。同理，两个遥远城市的距离，甚至比同一个城市不同两点的距离都近，而实现这种可能性的，除了电波信号和互联网，就是快速的交通工具飞机的诞生。

飞机的诞生，让世界上的一切都变得近在咫尺，让距离不再遥远。没有飞机时，哥伦布历经万水千山，在即将绝望时才发现了新大陆，如今，飞机让世界上的每个角落都无处躲藏。没飞机时，玄奘西游取经，走了一个又一个春夏秋冬，而如今只有几个小时就到了印度。飞机没普及时，我们从广东坐火车到北京，也得忍受几天几夜的劳累颠簸，而如今一觉醒来就能听到“北京欢迎您”。所以，飞机给我们带来快捷的生活方式，缩短了空间距离，大大提高了我们对时间的利用效率，虽然是件很烧钱的行为，但对某些人而言，坐飞机也是省钱行为。

比如，我一个家在广东的朋友在春运时没买到火车票，花了1000元买了张飞机票，就抱怨说太奢侈了。我说未必啊，坐飞机就不用天不亮就去排队买票（有时一排就是三天三夜），不用被黄牛骗，不用在拥挤的火车上站上三天三夜，还得买很多零食，上厕所也很困难。这1000元未必比买个600多元的卧铺火车票贵多少，省下的那些时间还能做很多事情，能早点回到家。

坐飞机能享受快捷的生活，能提高工作效率，但我并不是说所有人都应该选择飞机出行。以中国百姓目前的收入，这很不现实，我针对的依然是一部分人。当你有能力坐飞机，有很多繁忙的事务要处理，并能把这种快捷创造出价值就别不舍得那几个钱；当你有紧急的事情需要完成，比如签约、看望病危的亲人、解救受困的朋友时，该花的钱就要花。

花钱买服务是一种现代生活

小陈去年刚结婚，住在一套刚买来的房子里。他目前是一家公司的策划总监，平常的工作十分忙碌，经常加班熬夜，还有很多的应酬。但有付出就有回报，他如今月收入已经过万，还买了一辆车作为代步工具。

妻子是他的大学同学，恋爱六年后结婚。目前在一家杂志社做文字编辑，有时还兼职做网站的编辑，虽然收入不高，不过也很少闲着，晚上还会写几千字的网络小说。于是，两人在谁做家务的事情上常常争吵。

小陈有点男子主义，他认为“男主外，女主内”是理所当然的男女分工，他希望自己的老婆是一个温柔、体贴、贤惠的女人，能够帮助自己照料这个家庭，能在下班回家后吃上她做的可口饭菜，希望她能把房间整理得干净舒适。那样，他就可以安心地去工作，去赚更多的钱改善家人的生活。

然而，妻子骨子里具有现代女人的独立个性，她不想做一个纯粹的家庭主妇，她有自己的追求，有自己的想法，有自己对生活的安排。而且，她认为在做家务的问题上，男女是平等的，洗衣做饭不是女人的义务，赚钱养家也不全是男人的责任。

在经过一段时间的冷战后，两人都做出了妥协。家务由两人共同分担，比如轮流打扫房间，轮流洗衣服。如果妻子做饭买菜，小陈就得洗盘子刷碗。如果妻子去菜市场买菜，小陈就去超市采购日用品。

但这样和谐的生活没持续多久，小陈就恢复了原来的样子，每天晚上回到家，不是躲在书房研究策划方案，就是出去找朋友，有时很晚才归来，然后倒头就睡。家务又落在了妻子一个人身上。

妻子很生气，她想再发起抗议，来一场“旷日持久的非暴力不合作的运动”，不做家务，不妥协，不给好脸。但她冷静下来想想，这样很容易让两人的感情出现问题，还会给老公出轨创造机会。而且，老公在外工作也不容易，再让他做家务的话，实在难为他，还可能影响他的收入。而完全由自己做家务，她又不甘，她也有工作，也能赚钱，晚上还要写小说，也很忙。

于是，她想到了请保姆来做家务。虽然要给别人发工资，比平常多出一笔不菲的支出，但他们因此不必再为谁做家务而争吵，节省下来的时间，他们就可以做更多的事情。当她把这个想法告诉老公后，没想到他欣然同意。

老公还笑着说："这就叫做花钱买服务，是一种现代生活方式。我们出钱，她出售服务。我们方便了生活，节省了时间，她得到了收入，改善了生活。"

几天后，妻子就到家政服务公司物色了一个保姆，只是年纪有点大。有了保姆后，他们觉得生活越来越美好，两人每天都可以放心地做自己喜欢的事情，再也不用为生活的琐事烦恼。

然而有一天，小陈的母亲从乡下来看望他们，对他们的这种行为很不满，说太浪费钱了，自己有胳膊有腿的，干吗花钱找人做。她想不明白，生儿子的气，说他败家子，更埋怨儿媳没当好妻子，不是一个会过日子的人。母亲的到来，让他们家的气氛再度紧张起来，保姆还在母亲的干预下知趣地请辞了。

保姆走后，小陈希望妻子能多做点家务，让自己在母亲面前有点面子，也让她给母亲留下一个好儿媳的印象。起初，妻子还能忍受，但时间长了就不行了。到最后，矛盾还是爆发了，夫妻矛盾、婆媳矛盾交织在一起，和谐的家又变得不和谐起来了。

没办法，夫妻俩又轮流做家务。母亲想帮儿子，却被儿子好意拒绝，说该到自己孝敬她的时候了。但烦琐的家庭矛盾和没完没了的家务严重影响了小陈的工作。他晚上没有时间，也不能静下心去想他的方案，做了几个失败的文案被老板大骂，还因此失去了好几千元的奖金，他开始变得忧心忡忡。

母亲看在眼里，急在心上，慢慢地意识到是该找个保姆了。有一天，小陈回到家，发现那位保姆阿姨又回来了。原来是自己的母亲亲自请过来的，还给人家道歉了，并和那个保姆成了好朋友。

在交流中，母亲了解到保姆这个工作的重要性，不仅能帮助别人做家务，还能减少别人的家庭矛盾。母亲还说自己以前的想法已经过时了，花钱买服务在城市里是生活的需要，不是败家的行为。

在这个快节奏的社会里，人的精力和时间是最宝贵的财富，未必什么事情都由自己亲自去做，我们越来越需要各种互相合作和资源交换，以满足我们各自的需要。服务不仅仅是一种交易，更是一种交换，通过这种方式改变彼此的生活。

在过去，企业喜欢搞一条龙服务，芝麻大的小事都不放过，一个产品从设计开发、原件制造、组装、包装、物流、销售都要操心，甚至一个螺丝钉都自己去生产，虽然能节省很多的支出，但这种节省有时却能造成很多的浪费。如果你只做某些关键的领域，把诸如配件制造、组装、物流分包出去，就可以节省很多的时间和财力的投入，并降低运营风险。比如波音公司，它所需要的配件是由上百家公司共同完成的；苹果公司的一些产品也由代工企业来完成的，他们只需要搞好核心技术开发，就能创造销售奇迹。

企业发展如此，我们个人也是如此。一些不想做的事情，你完全可以花钱请人来做。比如你没时间做饭，可以叫外卖；没时间整理家务，可以请钟点工；嫌搬家麻烦，可以找人来做。请别人做，我们就可以安心地做自己的事情，不用再伤透脑筋思考今天做什么饭，不用再为家务由谁来做而纠结，不用再为搬家是否要请几天的假而烦恼。

所以，花钱买服务不是浪费，而是帮助自己完善自己的生活。

第五章　爱买“山寨货”的人，浪费知多少

因为便宜，很多人喜欢买便宜货和山寨货，总觉得这样可以节省很多钱，但实际上却造成了浪费，同时还有很多隐患。

便宜货和山寨产品未必全是质量差的，但大部分产品的质量都难以保证。何况某些山寨产品模仿一线品牌的包装和外形来骗人，质量却差很远；有的以次充好，或把翻新的二手货当新产品卖；有的产品则对身体的安全和健康造成危害。

所以，我们应该“浪费”点钱买信誉好、质量有保证的品牌产品和正版图书及软件。

几件次品货不如一件质量好的名牌

有的人觉得，自己收入不高，穿名牌太奢侈，太浪费了，所以平常都是买便宜的衣服穿，或者为了省钱，买那些质量很差的地摊货，贵一点的都不舍得买。也有的人觉得，即便自己

收入不高，也必须用名牌包装自己，因为他们害怕别人说他很穷，很土，为此，不吃饭也得买名牌穿。

其实，两者的观点都过于片面。在我看来，收入一般的人也可以穿名牌，只是你用什么心态去穿，穿什么样的名牌，拥有多少名牌应该仔细考虑。名牌不是富人的权利，人人都可以拥有。同时穿名牌未必是奢侈和浪费的，有时比穿那些廉价的次品货还能节省钱。

我这里说的名牌，不是那种动辄上万的奢侈品，而是那些质量好、时尚、价格公道的中档名牌，更多的是品牌产品，比如乔丹、耐克、李宁、美特斯邦威、雅芳，等等。这些名牌你能消费得起一两件，若是一年买上几件绝对比买一堆便宜货、次品货划算。

有个女孩这样说：“名牌的衣服穿起来就不会觉得还需要买其他低档的衣服，一年四季有几件就可以了。买一套一千多的名牌，平均一个月也就是100多元，而且效果也很好，不会轻易地被自己淘汰，这也就是名牌存在的原因吧!”

这样的女孩表面上看很爱花钱，其实她们比那些只买便宜货的女孩聪明，既懂得享受生活，让自己漂漂亮亮，又懂得省钱不浪费。一些人喜欢买一些价格十分便宜的山寨货，可是，这些衣服你能穿多久，等过了流行季节，你还会穿吗?

就拿鞋子来说，一双好鞋你穿几年都磨不烂，不开胶，不变形；而一些便宜的鞋子往往穿不了三个月就出现开胶、鞋底磨破、严重变形的问题。想想看，你一年得买多少双鞋子，不仅不舒服，还浪费钱，还不如买双名牌的实惠。

再说消费心理，如果收入不高，你会精心地选择两件名牌，很爱惜，很珍惜，你不会随便丢弃它们。而一些便宜的东西，你买得很随意，也不会控制数量，有时看着喜欢就买，结果穿了两天觉得不好看，就丢在一边不穿了，一点都不心疼；有时一买就是好几件，这个月买了，下个月又想买。

很多便宜衣服、鞋子都是季节性的，你今年穿了，到第二年就过时了，由于便宜，你扔了并没觉得可惜，会继续买新的衣服。如此会造成你的衣服很多，丢弃的越来越多，比买名牌的还浪费。

张莉和刘丹同在一个公司上班，是很好的朋友，都很漂亮。平常两人喜欢一起逛街，一起看帅哥，或者躲在没人的地方八卦公司的事情。同时，她们还爱美，爱打扮，爱自拍，喜欢买漂亮的衣服和包包。

然而，两人在消费观念上却有着很大的差别，表现在张莉时常会买一些名牌的衣服和鞋子，而刘丹却喜欢买价格一般的衣服，她觉得买名牌太贵，消费不起，而且很多便宜的衣服也很好看。

虽然刘丹不买名牌，可她橱柜里的衣服却比张莉多很多，各种款式的都有，每个月都会买几件不太贵的衣服，很会砍价，200 元的衣服，她能砍到 100 元。她会搭配，很多便宜的衣服穿在她身上也很时尚靓丽。

张莉不同，她虽然喜欢名牌，但买的并不多，只是有几件而已，她会在聚会、约会、见客户、逛街、旅游的时候才穿，其他时候也穿便宜的衣服。她的衣服不多，但每件都是精品，不会轻易丢弃，每件都能让她显得很有气质。如果刘丹的美让男人心动，那么张莉的美会让男人心醉。

刘丹与张莉在一起久了，通过对比发现，自己并不比张莉花得少。她分析了一下，自己很多衣服买了并没有穿几次，有的穿了没多久便开线、褪色或者袖口磨破了，这时就会被自己扔掉，她也不心疼，毕竟不是名牌。而张莉不同，她对那几件衣服很爱惜，衣服质量好、耐穿，她从不会轻易丢弃，有时穿两年还是那么新，而张莉却不知换了多少件。最能说明问题的是，在一年内，刘丹花在衣服上的钱居然是张莉的两倍。

从那以后，刘丹也开始尝试买一些质量好的名牌，尽量控制自己买衣服的数量。她会根据自己的需要精心挑选，买来后也十分爱惜。而且，别人说她越来越有气质了，之前别人只会说她漂亮。

其实，不仅仅是服装，很多产品都是如此。这种名牌更多的是相对于山寨货、次品货的品牌产品，可以是几元、几十元的东西，如洗发水、牙刷、被单等，也可以是千元的电器，如冰箱、彩电、手机等贵重物品。

买一部好的手机，很少会出毛病，耐用，摔不坏。而一些山寨的杂牌手机，虽然价格很便宜，体积大，某些还很时尚，却非常不耐用，经常要维修，而且特别费电。

如果根据实际需要，适当购买品质好的品牌产品，完全是省钱的行为。当然如果你只是满足个人的虚荣和面子，或仅仅在追求潮流，就可能是浪费和奢侈的行为。

知识衔接

如何购买国外名牌服装、首饰

很多人想知道怎么购买高档名牌既省钱又安全。有的人会在出国旅游时购买，这也是为什么国外商店十分吸引中国游客的原因。有的人通过网购，这种方式有时比在实体店买便宜几百甚至数千元。有的人则是通过团购的方式购买。

对此，我们做了一些总结，希望能给你一些帮助。最后还是提醒您，要根据自己的需要购买，少买是省钱，多买是浪费。

1. 出国旅游购买，或请在国外的朋友、亲人代购。

由于关税等因素，很多名牌在国内的价格都比国外贵很多。如果你有朋友或亲人在国外，你可以让他们在国外购买，比如让他们在假期或探亲时帮着买几件，等回国后你再付钱。当然，你不能让他们帮你批发货品，否则就是走私啦！

2. 折扣店的降价货。

购买反季节服装会省很多钱。由于商家怕积压库存，会在某个季节结束后将自己的产品降低销售。虽然降价，这些衣服的品质却绝对有保证，只要用心挑，运气好，常能买到不错的名牌。

3. 在网上购买名牌。

网上能买普通商品，也能买名贵的东西，而且价钱可能比专卖店便宜很多。专卖店需要雇用员工和租赁场地，这些钱都附加在商品的价格上；在网店就没这么多，只要卖家能赚钱，他就会低价卖给你。有的店主可能通过其他途径获得更便宜的名牌货源，比如朋友送的，家人在国外带来的，或是自己买来不想穿的都会拿去卖，其价格一定很便宜。

4. 透过特殊渠道。

所有名牌经营店都有员工价，但为防范员工到处“做人情”，公司会严格规定购买数量，不过如果透过交情好的员工购买，一定会有折扣。

5. 到香港旅游时买名牌。

对于普通人来说，出国旅游可能难以实现，但去香港却不是梦。如果方便可以去香港淘宝，很多名牌产品比内地便宜很多，一些店铺为招揽内地游客还会搞特价活动，价钱相当便宜。去香港的内地游客还可以留意当地杂志上的有关信息。

获取知识一定要舍得买正版书

也许这篇文章，带有我作为作者的个人情绪和立场，但无论你是否认同我的观点，也希望你听听我有些啰嗦的话语，因为我觉得读者永远是作者的朋友。

我对盗版书有种复杂的情感，在我是一个读者又是一个穷学生的时候，我喜欢在地摊上买那种十块钱一本的盗版书。而我认识韩寒也是从一本盗版的三重门开始的，还买过一本叫郭敬明大全集的书。至于为什么买盗版书，原因很简单——便宜。

那个时候，我经常去新华书店，却很少买书，那些二十几元的书，是我无力购买的。我常想，正版书干吗那么贵呢？如果能像盗版书那样便宜，不是会有更多像我这样的人购买了吗？正版书的昂贵，给了盗版书泛滥的条件和可能。

当我成为一名作者后，我又开始讨厌盗版书。其实每个写作者都是如此，虽然有人说，有人盗版你的书，说明人家看得起你，你受大众欢迎，不然谁去盗版呢？从这个意义上说，盗版书又仿佛成了畅销书的“晴雨表”。

但关键是，如果没有人盗版，正版的受众范围会更广一些，正版书的销量会更多。每卖一本盗版书，就意味着丧失一本正版书的市场。很多人都爱占小便宜的，就像当初的我，为了省那点钱，就放弃了买正版书的可能。如此，对作者和出版社而言，将造成无法估量的损失。

图书本来是利润很少的行业，如果正版书能卖盗版书的价格，我想大部分的出版社可能会面临倒闭，作者也只能分到一点微薄的收入。盗版一本书，可能最大的投入是纸张和印刷费；而一本正版书的成本，要包括作者的稿费、编辑费、排版费、封面制作费，等等。正版书贵有它贵的价值。

也许你会说，这些管我什么事！盗版一下《让子弹飞》中的经典台词："谁便宜，我就买谁的"。但是作为一位有责任感的读者，你总不会希望，在若干年后的某一天，我们再也看不到什么好书、新书出版了吧？

这种事可能是有的。盗版书抢占了正版书的市场，免费的电子书、"共享文库"又瓜分着阅读人群，使买书的人越来越少。而这两种阅读形式，出版商和作者是难以收益的。如果连稿费都拿不到，还有多少作者愿意花时间去写有价值的书，还有谁愿意出版图书。作者并不需要人们的可怜，他们只希望自己的劳动成果能得到尊重。

花十块钱买一本盗版书，花几块钱，甚至在网上免费看一本未授权的电子书，暂时是省了一部分钱，但从长远的角度看，很不利于图书行业的健康发展，也是对读者利益的伤害，你能看的书会越来越少。

再说，便宜没好货，大部分盗版书质量差、字体模糊，这还是其次，严重的是错别字多，结构混乱，有的干脆是冒用作者的名字，找几个三流作者胡乱拼凑的山寨货。这样的图书严重影响了你的阅读效果，不能有效地体会作者要表达的内容及思想，还可能把你引向一个错误的方向。一本好书能帮助人进步，而一本盗版书却能让我们积累很多错误的知识，有时还会影响作者在读者心目中的形象。从这个意义上，盗版书让你的阅读受到了伤害，这种损失是无法用金钱衡量的。

我曾经买过一本盗版的《杜拉拉升职记》，是那种上下册合集的。我当时觉得十块钱买那么厚的一本书，很划算，结果买回来后，发现里面内容严重混乱，前面还讲着杜拉拉刚成功通过面试，下面一页却写她成为了主管，正在处理某项纠纷，看得我摸不清头绪，被我扔在一边，再也没看过，白花了十块钱。

我还买过一本张爱玲的《小团圆》，表面上不像盗版书，字体清晰，纸张也不错，刚开始还觉得是正版书，可认真阅读后，发现异常难读，看得我头昏脑涨的，使我一度怀疑我的阅读水平。也有人说，这本书本来写的就不怎么样，是违背了作者意愿而面市的书。但书中的错误百出，还是让我坚信这是一本盗版书。后来去书展看正版的《小团圆》才证明了自己的判断，正版书是有腰封的，而盗版书则直接把腰封的内容印在了封面上。那本书同样没看完，被我永远地丢弃在烂书堆里。

从此以后，我再也不买盗版书了，如此不看扔掉，还不如多花点钱买正版书。盗版书看完你会当垃圾扔掉，而正版书无论你看过多少遍，你都不舍得扔掉，它会被你存放在书架里，给你的房间增添几分人文的气息。

如果文学类的盗版书伤害的只是我们的阅读体验，那么一些盗版的科技书、医疗书、养生术、学习资料、幼儿保健等，带给人的损害是无法估量的，有时甚至会危及人的生命安全。此类书籍必须严谨才行，哪怕错一个数字，漏一句话，都可以把你的实验、你的蔬菜培植搞砸；一个错误的试题和答案，可能会给你一个错误的解题思路，让你做错更多的题，说不定还会与大学失之交臂；医疗、养生、幼儿保健上的方法错误和数据错误，不仅起不到健康作用，有时还能危及人的生命。从这个意义上说，买盗版书就是一次冒险的消费行为，省了小钱，却带来了很大的隐患。

要知道，正版图书的每句话、每个数据都是经过反复审读和校对的，花费了作者和编辑大量的心血；而盗版书不会管这些东西，直接扫描、复制、排版，不做任何的检查，就印刷成书。盗版别人的书本身就“流淌着没道德的血液”，你还能指望他们对读者怀有一颗善良而负责任的心吗？不会的，他们只会从你身上捞一笔钱。

同时，阅读正版书，尊重知识产权，是一种责任，更是文化的品位和修养。一个不尊重知识产权的国家会让人无奈，一个喜欢盗版和山寨的民族会让人失望，而一个喜欢看盗版书的人同样令人惋惜。从这种意义上讲，阅读盗版书还有损自己的形象。也许没人会责怪读盗版书的人，但大家会对拥有满屋正版书的人肃然起敬。

曾去一个朋友家玩，看到他的床头放着硕大一本盗版书，尽管房间布置得很整洁，摆放着很多时尚的饰品，但我总觉得那本书是多么的不和谐。而到另一个朋友的家里，看到满屋的正版书籍，闻到那淡淡的墨香，无论书摆放得多么凌乱，都让我产生一种敬意，朋友的形象也在我心中变得无限美好，同时又产生强烈的自卑感，因为我没有这么多书，更因为我曾经也买过盗版书。

当你心仪的女生向你借书时，你能把一本盗版书借给人家吗？当你向别人推荐某本好书时，你能说“我看过他的一本盗版书，写得不错”吗？

总而言之，购买正版书是一种现代生活，你多花几元钱，不仅为挽救图书行业，为打击盗版作出了一份贡献，还让自己多了些文化气息，赢得了周围人的好感，说不定还能打动女孩的芳心。希望你能像我一样，改掉之前购买盗版书的习惯，慢慢享受正版书带给我们的阅读快感，去积累更多的知识。

如果你觉得新华书店的书太贵，完全可以通过网购的方式购买。从目前网络书店的价格来看，很多书籍的价格已经不比盗版书高多少，十几元的书很多。而且网络书店还免费送书，

你只要用鼠标点击你喜欢的书，很快就能拿到它。这是多么美好的生活方式，为何还要浪费钱买那些看完就扔掉的盗版书!

组装电脑让人欢喜让人忧

刚到北京时，我没多少积蓄，买一台品牌电脑很吃力，在中关村闲逛的时候，便有了组装一台电脑的打算。我计划，先去中关村组装一台主机，然后在附近买台二手的显示器，这样就能实现我的电脑梦。

工作几个月后，我有了2000元的积蓄，我听朋友说，一千多元能配台电脑。我便高兴地去了中关村。我当时其实对电脑还是个门外汉，总觉得内存和硬盘存量大，再加上一个好的CUP，就是台好电脑，对配件是哪家公司生产的，质量如何，还有主板、电源、风扇怎么样都没怎么关心。

何况商家也很少谈及这些，不论是平面广告，还是销售员的介绍，都是CPU、内存、硬盘的信息。一些做组装电脑生意的人，就是利用消费者的不了解，在组装的过程中做手脚，看着便宜的事情，其实一点都不便宜。

言归正传，我到了中关村，想按照我的要求配台电脑。他们就让我填一张表格，列出CPU、内存、硬盘的参数，以及是否要光驱、显示器等，却不提主板等信息，然后拿着计算器核算总共需要多少钱。

在这个过程中，他们开始劝我用更好的CPU、容量更大的硬盘和内存，说性能如何如何好，如何如何快速，特别适合玩游戏，同样不提及配件厂家和主板等信息（只说CUP是英特尔或是AMD）。当然，要想按照他们的要求配，必须多加钱。

我便说用不了那么高的，只是用来上网写文章，想配一个便宜的。他们就问带了多少钱，看能配个什么样的。我说一千多元，还说不要显示器，不要光驱，质量好、能上网写文章就行。

听我说完，他拿起笔，低头又写了一个单子让我看，总共1200元，完全符合我想要的价位（他们常常是根据你口袋里的钱进行配置，如果你说有2000元，他们肯定会想办法让你配个2000元的电脑）。我是外行不懂，在急着拿到电脑的情况下，就糊里糊涂地同意了。我跟着他去了一个房间，里面很凌乱，狭窄，几个小伙子热火朝天地给人组装着。带我来的人把单子递给老板后，就下去了。

交完钱后，老板指定一个人给我配。我后来才得知，刚才那人只是销售员，对于这些配件组装起来的电脑性能如何，不是他关注的内容，也未必懂。顾客只要掏钱组装，他就完成任务了。所以，在这里提醒大家，别把前台销售的人当专家，很多销售员根本就不会组装电脑。

组装完毕了，那人帮我调试，但却进不了电脑桌面，电脑屏幕上斑斑点点的。他一时找不出毛病，摸摸这儿，又碰碰那儿。有一个顾客看到说："是不是显卡和内存条有毛病。"于是，他叫人又拿来显卡和内存条。结果是内存条的毛病，他就重新换了一个。我在一旁疑惑地问："刚才那个怎么不行呢，不会是旧的吧?"

他说："都是新的，你看还有包装呢!"

"以后不会再出问题了吧!"我问。

"放心吧，很多人都在我们这里配，质量有保证。"

下午，我就抱着主机坐地铁再转公交回到了顺义郊区的家里，马上又花了300元买了一台旧的显示器，还交给了房东60元的网费。于是我从那刻起，我就成了有电脑的一族，实现了中学时代小小的梦想。

使用了两天，我发现这台电脑的风扇很"彪悍"，开机后就没停下来的时候，哪怕处于休眠状态时也是嗡嗡作响。更要命的是，它的噪音很大，每当夜深人静时，整个院子都能听得到，弄得我关死窗户，很担心某天隔壁姑娘突然砸门，嚷道："你用的什么破电脑，跟拖拉机似的，还让人睡不睡啊。"我打电话问组装人员能修吗，他们说组装的机子都这样子，然后说自己很忙，就挂了我的电话。

虽然有些遗憾，但总算有了一台电脑，每天下班后，先浏览下新闻，之后就投入写作中，到晚上12点，我又上网看视频，看电影之类的。上班的时候，为了薪水，拼命地工作，下班后做自己喜欢的事情，从某种程度上，我很感谢这台破电脑带给我的现代生活方式。然而，这种好感并没有持续太久，到了炎热的夏天，这台破电脑让我拥有了无尽的烦恼，想砸掉它的怒火都有了。

进入5月份后，我的电脑就时常出现“花屏”的现象，这是一种比“死机”还糟糕的电脑故障，一旦“花屏”，敲什么键都不行，必须重启电脑。由于强制关机，电脑每次都要经过漫长的“修复”才可以进入桌面。

后来这种情况越来越严重，一小时内出现好几次。记得正写着文章，突然电脑没了反应，我不得不重启电脑，前前后后得好几分钟。而刚打开文档没写几个字，同样的毛病又来了，反反复复，有时一天内会出现20次的花屏故障，搞得我思路大乱，写文章的心情都没有，真想把电脑砸烂。这台电脑还经常丢失文件。对我而言，一些已经写过却丢失的文字是无法用金钱去衡量的。

因经常强制关机，使得硬盘损坏严重，常有系统文件丢失。有一天我终于受不了了，就打电话问他们，然而电话却无人接通。当我抱着主机到中关村找那家店时，已经不见他们的影子了。旁边的商户说他们大概搬到别处去了。我问在什么地方，他没有告诉我。

至今，那台可恶的电脑我还留着，让我又爱又恨。后来，我曾想拿到家给我的小侄子用，但想想如此糟糕的电脑，还是别毒害未成年了。而且，那台组装机漏电严重，一碰主机箱就手麻。

我一个朋友的遭遇比我更惨，他在销售人员的忽悠下，组装一台据说高配置的电脑，足足4000元，当时买一台品牌机的钱都够了。但买回来后，他的电脑故障不断，有时死机，有时进不了桌面，有时还蓝屏。他找商家修理，对方认为是系统问题，又给他重装了系统。用了两天，问题依旧，他又找商家，对方说可以换主板看看。朋友说谁埋单，商家说当然是我的朋友掏钱，气得朋友和他们大吵一架，抱着电脑回来了。

朋友找来懂电脑的熟人看了看，对方认为是主板的问题。通过内行人检查发现，该组装机除了CUP、显示器外，其他配件都是次品货，质量很差，有的还是别人用过的二手货，因此才导致故障频出。

熟人告诉朋友说，现在有一些不良商家为了降低成本，一边在内存和硬盘容量上加强宣传，一边在被消费者忽略的主板、机箱电源上动手脚，榨取利润。就像我在前面说的一样，我们只关注内存和硬盘了，却忽略其他配件如何，特别是主板的质量。

而购买品牌电脑，虽然贵点，但用着放心，不会出现那么多的毛病而影响工作效率，也用不着三天两头地维修换零件。即便出了毛病，厂家也有周到的售后服务。就因为它们是品牌，品牌的信誉要求它们在生产过程严格把关，并经过了很多次的调试，使得电脑各种配件兼容性达到最佳状态。

如果你坚持购买组装电脑，我建议买之前最好请一个内行的人跟着你一起去，想买什么电脑，自己心中要有谱，不要听信销售人员的话；而在组装过程中，要仔细监督，看配件的质量如何，特别是主板的质量，还要防止他们趁你不注意换零件；组装好后，要当场打开电脑体验一下效果如何，不行就退货。

盗版软件是你无法预料的杀手

我承认，我那台组装电脑使用的 Windows 系统肯定是盗版的。现在还有一种用 ghost 安装系统的方法，只需要一个 U 盘，就可以在很短的时间内安装完毕。至于大家为何这么偏爱盗版，还是像买盗版书一样图便宜，想省钱。一个正版 Windows 操作系统，恐怕要几百元，盗版的就几元钱。

然而，盗版软件虽然便宜，但绝对没有正版软件的完美享受。重要的是，由于不是原厂家生产的，其在质量和安全上存在着我们难以预料的风险。如果出了问题，并造成损失，正版厂家不会承担责任，盗版厂家更找不到人。比如，使用盗版软件导致银行账号被盗，给企业造成上万的损失，这种损失只能自己承担。

一个网友这样描述自己的经历：

“一开始，Q币和魔兽账号被网络黑客偷走了在网上售卖，我还没当回事。谁知在一次使用网银交易的时候，密码也被窃了，账号里的七千多元不翼而飞。当时我就傻眼了，怎么想也不明白，电脑里有好几个防病毒软件，怎么还让人家给黑了呢？后来请专业人员一查才发现，问题出在我使用的盗版操作系统无法更新病毒库，还关闭了几乎所有的安全设置，同时还修改了一个至关重要的深藏在注册表中的设置，使得系统安全系数大为降低，黑客能够轻易地操控我的电脑。由于这些修改不具有病毒特征，系统漏洞多，再好的防病毒软件也无可奈何。如果使用正版软件，我就可以早些远离这些盗版软件的危害了，真让人追悔莫及。”

可见，盗版软件是不可靠的，我们不能等情况发生了才“后悔莫及”，应该在一开始就拒绝盗版软件，了解盗版软件的危害。所谓盗版软件，就是那些没有经过正版厂家授权，或超出授权使用软件的功能，非法获得注册码激活的软件。

盗版软件有很多的漏洞，有的为了减少容量，会删除一些文件。ghost 版的 Windows 操作系统就是不完整版的盗版 Windows，使得有些关键的步骤无法运行，影响工作的效率。而漏洞的存在则给很多黑客和病毒提供了入侵的机会。比如前面提到的账号被盗、网上银行被盗等，若是大型企业，这种损失就更严重。

同时，使用来历不明的软件，自己的隐私也会泄露。我们的隐私会在使用一些软件的过程中泄露，或者软件自身的漏洞被黑客利用，自己的一些重要文件和资料被偷窥和窃取。一些盗版软件肯定存在这方面的隐患。

有一个网友这样描述：

“我真没有想到，黑客随着盗版来了。人家专业人士告诉我，在我安装了盗版软件之后，一些黑客只需将病毒文件激活即可控制我的电脑，利用盗版系统漏洞进入并查看我的所有档案、文件、重要电子邮件、私人照片。所有的文件现在都可能被掌握在黑客的手中，像我这样的用户就成了这些病毒的受害者。我从来没有打过系统安全补丁，因为盗版关闭了自动更新。当我急需客户支持的时候，却因为安装了盗版而不能得到及时帮助。黑客随着盗版来了，我的资料随着盗版走了！早就该知道，盗版软件虽便宜，损失代价却高昂，天下没有免费的午餐!”

即便你的电脑没有被道德败坏的黑客攻击和入侵，也没有受到直接的经济损失，也没泄露自己的隐私，但盗版软件的质量有时会使你的使用效果大打折扣，比如系统不稳定、故障频出、文件不兼容、速度过慢、无法更新，等等。

有一个网友这样描述：

“在网上下载 Office 时，心里还觉得挺方便的，又省钱又省时间，没想到盗版经常不稳定，Word 文件会莫名损坏，我准备的稿件素材都丢了，电脑常常越用越慢，还会遭遇到非正版的负面体验。而且盗版没有售后服务，只能找朋友帮忙，朋友也弄不好，我就请人恢复数据，上千元钱花出去了，资料也没能找回来。人家说我那种破解版 Windows 7 是导致 Windows 系统蓝屏和 Office 办公软件异常的首要因素。为了破解正版微软软件，盗版通常会篡改一些重要代码，添加危险脚本，留下诸多隐患，出现严重的文件兼容性问题，甚至文件的突然损坏，最终导致蓝屏、系统崩溃。我重装系统，安装软件和驱动，花了一个多星期才进入正常工作状态。”

此外从一些网站下载的盗版软件，在安装后常常会莫名其妙地冒出一些网站和五花八门的广告。这些都是盗版厂家的“植入广告”。就像《免费电话》中演的那样，在享受免费和低价的时候，你必须牺牲自己的时间和精力，不停地被骚扰。如此，这些盗版软件就成了“流氓软件”。

业内人士指出，一些免费盗版软件生产者就是靠在其中插入大量广告盈利的。而且，一些盗版厂家在利益的驱使下，还会在软件内植入一些病毒和有害软件。网友一旦安装了这样的软件，你的电脑就会被黑客控制。我们曾听说过一些山寨手机厂家与一些电话诈骗犯合作，在手机里偷偷安装一些软件，使你在不知不觉中就被吸去了电话费，所以，有人抱怨一月没打几个电话却有上百元的费用。山寨手机如此，山寨软件更容易操作。

因此，无论从用户体验、工作效率，还是从安全方面，我都提倡大家多花点钱，购买和使用正版的 Windows 操作系统和各种应用软件。同时，你还维护了知识产权，为响应国家号召打击盗版等违法行动作出了自己的贡献。

“杂牌军”的服务忧患

“不是所有服务都是好服务，不是所有的公司都能提供好产品”，这是很多人都明白的道理。目前，有些公司和商店提供的服务和产品，你说他们山寨吧，他们的确在做自己的东西；但你说他们造假、骗人吧，也未必就有那么严重；只不过，他们的服务不那么专业，产品不那么好而已。

我们就称之为“杂牌军”吧。他们常常与那些信誉好的公司混杂在一起，让我们眼花缭乱，无法辨认。他们同样有自己的品牌，有自己的团队，也会像其他大牌公司一样，宣传自己的服务和产品是一流的。

你在此之前，虽然没有听说过他们，但他们的服务收费低，产品的价格便宜，还很热情，这就对消费者很有吸引力。有时我们为了省钱就购买了他们的产品和服务，然而结果没省下多少钱，还受了一肚子委屈。

小张在北京奋斗了十年，终于在很远的郊区买了一套120平米的房子，差不多用尽了全部积蓄。可房子买来了，总得装修一下吧，然而，他去银行查了查自己的存折，只有不到五万元的存款，这点钱是远远不够的。在这种情况下，他又从父母和朋友那里借了十万元，就让朋友帮着介绍几家好的装修公司。但那些公司的收费太高，要想让房子装修得漂亮一些，他那十几万元远远不够，连中档都不够。

小张想，装修是一辈子的事情，必须弄得漂亮一些，材料用得好一些，至于其他的家电之类，可以慢慢地购买。他就想，能不能找费用便宜的公司。当时朋友给他介绍的都是很有名气的装修公司，太贵，他消费不起。

小张就到网上搜索一下这类的公司，发现有不少费用不太高的公司，网页上的广告说15～20万就可以打造一个完美的家，旁边还放了很多的效果图。他仔细看了看，觉得那些效果正是自己想要的。

然后，小张就与这家装修公司取得了联系，是一个女孩接的，声音柔柔的，很迷人。小张把自己的情况、想法和要求，都一一告诉了对方。女孩说："先生您放心吧，我们是正规公司，虽然知名度无法与那些大牌公司相比，但我们的服务质量一流，做出来东西不比他们差，只要你让我们装修，保你满意。"

小张问："15万元能搞定吗?"

女孩在电话那头不假思索地说：“没问题，我们做过很多15万元的装修项目。他们现在都很满意，还向朋友推荐呢。”

小张犹豫了一会儿，问：“我看到你们网站上有一些很漂亮的效果图，我这15万元能装修那样子吗?”

女孩说：“可以的，我们先到你们家看看，然后再商量。”

小张又连续问了很多问题，女孩都给了他肯定的答复。他们就约定第二天去看房，如果行的话，就签合同。翌日，几个男的自称是装修公司的，来看房。双方聊了半天，小张看他们说的头头是道的，就决定由这家公司来做。他还说自己平常要上班，对装修的事情也不懂，就不参与了。对方说没问题，一定会让他满意的。然后该公司的负责人就让小张签合同，交15万元的装修费，说多退少补。

几天后，装修公司就开工了。小张由于工作忙，就没怎么盯着，他觉得应该信任他们。一个星期后，他去看了看，发现屋里噪声一片，以为工人们在热火朝天地给他装修，开门却看到一群人在玩扑克，烟头扔了一地，啤酒瓶东倒西歪的。还有两个人拿着木条在房间里打闹，很多东西被他们弄得狼藉一片。

看到这些，小张心里很不舒服，若他是这些人的老板，一定要好好臭骂一顿。他忍着，走到房间里看了看装修的效果。看到他进来，那些人才慢悠悠地起身干活。一个工头模样的人走来说：“刚才我们休息了一下。”

小张发现他们并没有完全按照当初的设计进行装修，有些地方做出的效果他很不喜欢，就质问对方，工头却说现在这个样子才科学。实际上，他们不过是欺骗小张，如果按照当初的设想，难度会非常大，他们的技术达不到，同时他们也懒得做麻烦的工序。

又过了几天，小张查看时，发现里面只有两个人在忙活，其他人不在。而且，这么多天过去了，装修才完成了一点点。小张嫌他们的速度太慢，并质问工人是不是在同时给几家一起做。工人说那些人出去买材料去了，下午就会过来。实际上，小张猜对了，那些工人此时正在另一套房子里忙活着。

漫长的两个月后，装修公司说完工了，通知他去看房，还说多花了一万元，按照多退少补的原则，要求小张再交5000元。小张表示验收后再说。打开房门后，小张看到屋里到处是垃圾和废料，问怎么不清理，对方说他们只负责装修，不负责清理垃圾。小张不想继续争论，就看整体的效果，但觉得与之前设想的差距很大，更怀疑那些材料是不是用的便宜货，于是就拒绝支付5000元。

虽然没交那最后的5000元钱，但小张还是损失惨重。等他把房间的垃圾清除，打扫干净以后，装修的效果“原形毕露”，很多地方都令他失望，特别是地板和瓷砖。他也终于明白对方为何不打扫了，他们把现场弄乱的目的是为了掩盖他们的贴砖质量。

卫生间的瓷砖计算错误，造成拐角都是一些面积很小的碎瓷砖，贴砖的工人简直就是马路边随便找的，贴得太难看了。一些砖缝隙很大，为掩盖贴砖不齐，他们在瓷砖周围抹上填缝剂，造成黑水泥外渗，黑白分明，丑得要死。客厅大片面积的瓷砖上翘，看起来高矮不齐。

他打电话找他们理论，这次是一个声音很凶悍的男人接电话，对方辩解说 15 万就只能装成这个样子。小张说：“你们当初说 15 万可以装成效果图的摸样，你们保证过的，怎么变卦了。”对方不承认说过这样的话。

小张气得不行，想到他们公司理论，却不知道他们公司在哪里。合同上没写，网站上没写，询问也不告诉，后来干脆就挂他的电话。小张只好自认倒霉，并劝说朋友以后装修千万别找这些杂牌的，必须找信誉好的，哪怕贵点也行；找便宜的杂牌公司，不仅办不好事情，还会浪费钱。

这类杂牌公司很多，名字与大公司差不多，服务项目也差不多，还往往会在广告上夸大宣传自己，然而，他们提供的服务和产品却差得很。比如，有一些杂牌的搬家公司，不是把你的东西摔坏，就是常常丢东西，弄坏了还不赔；一些杂牌的中介，收了钱却不办事，即便办了，也办不彻底，有时黑中介还会骗你的钱；一些杂牌的物业管理公司，服务水平很差，态度差，收的费用却很高。

因此，我们在选择提供服务的公司时，不能图便宜选择那些杂牌的公司，一定要认真鉴别，了解他们的背景，看他们是不是正规注册的公司，有没有从事该项目的资格，水平如何；更要看他们的信誉怎么样，有无不良的记录；签合同时，要对他们提出要求和约束以及赔偿问题，这样出了问题好打官司。

第六章　身体健康需要适度“浪费”

我觉得人应该对自己慷慨一些，对自己的身体太苛刻了，就是对生命的不尊重。我们必须对生命有足够的敬畏感，对自己的身体健康负责才行。平时不要太节省了，毕竟时代不同了，有条件就不要亏待自己的肚子；不要一味地工作，不要远离娱乐活动，会玩的人才会工作；如果病了，别觉得自己的身体是铁做的，更别迷信“求医不如求己”，要去看医生；想远离疾病，平常就得多锻炼，有条件的人还可以购买些健身器材。

请尊重生命的规律，对身体慷慨些

加藤嘉一被媒体称为日本的韩寒，近两年受到中国媒体的热捧。

此人会说一口流利的汉语，会用中文写文章，速度比中国人还快。而且，他与中日的官员都很熟，是很多宴会的贵宾，还经常到《锵锵三人行》与梁文道谈谈中日的社会现象。

2003年来到中国至今，加藤嘉一作为组织者、策划人、发言人、主持人，参加过的中日学术交流活动、国际研讨会共有五十多个，作为评论员、嘉宾、作者参加过的中外媒体活动共有五十多个，他还出版过很多书，销量也不错。

按说，如此重量级的人物，又靠撰稿和写书赚了不少钱，完全可以提高一下自己的生活标准，然而他却是一个对自己十分苛刻和吝啬的人，甚至到了“残忍”的地步，用挑战生命的极限的方式锻炼自己，让我看到一种现代版的“武士道精神”。

有一次，他接受了某台美女记者的采访，记者跟着他参加了一个名流云集的慈善晚宴。宴会结束，他说自己没吃饱，领着女记者到一个简陋的餐馆要了两份叉烧饭，并说自己一天的伙食费不会超过12元钱，不去酒吧，也不请客。前后巨大的差距，让女记者感到不可思议，感叹他是一个如此朴实的人。

然而，等女记者到他家参观时，才发现他的简朴有点吓人。他不是为了节省而简朴，而是在进行一种类似魔鬼训练式的身体挑战。他说自己有意远离一切物质上的享受，拒绝娱乐，让自己时刻保持饥饿的状态，看得美女记者直呼他一个怪人，无法理解他的“异常”行为。

当时，女记者在他的家里看到一个大冰箱，但打开后，却发现冰箱里什么食物都没有。女记者百思不得其解，问怎么不买食物。加藤嘉一笑着说：“不是不买，而是故意不买，我要看看自己挨饿的极限在哪里。”他还说自己吃饭从来不吃饱，就算肚子很饿，也要忍着，通过这种方式磨炼自己。

女记者的表情由敬佩转向质疑，问他：“有必要对自己这么狠吗?”

他没说那句“男人就应该对自己狠一点”的名言，而是表示这是由他的爱好和性格决定的，有意而为之。他要保持这种“自虐”的方式，让自己的身体时刻处于饥饿的状态，靠这种饥饿感去做超越年龄、超越身体去做更多普通人不能完成的事情。因为他要忙的事情太多了，平常就睡三四个小时。

看完这段采访，我和那位记者一样，由最初的敬佩和感动，转为不理解和质疑。有必要折磨自己的身体吗?饿了要吃饭，不仅要吃饱，还要吃得好，这是生理的需求，更是健康的保障。要知道，再强悍的身体也经不起折腾。

我通过阅读大量加藤嘉一的资料，发现他的这种性格源于某种武士道精神——狂妄、自信、自恋又极端。他们过于强调意志的作用，相信人能胜天，自己能战胜一切，包括自己的身体。

加藤嘉一对待生命的态度正体现了这种心态。他太相信自己意志的作用了，相信自己的意志可以战胜肉体，相信自己可以超越普通人的忍耐力。我觉得，他有一颗狂妄和过分自信的心，从他毫不掩饰自己的人脉与那句“我已经对日本决策层发挥影响”可见一斑，他还说那些娇生惯养的独生子女是无法与自己相比的。

人就是人，不是铁也不是钢，仅仅是肉体之躯，意志再坚强的人，也不能超越生命的规律，饭要吃饱吃好，病了就要看医生，否则就会出问题。就像在地震、海啸、核爆炸中，一切的生命都是脆弱和不堪一击的。同样，用意志去挑战生命的极限是冒险的自虐，不可取。身体更不是意志力的试验品。

我还在朱迅主持的《正大综艺》中看到过一个故事。有一个男人在零下35度的环境里，脱光衣服在雪堆里待了（雪与皮肤完全接触）半个小时，为的就是挑战吉尼斯纪录，挑战自己的身体极限。我只能说这是玩命！我们应该对生命有足够的敬畏态度，尊重我们的健康，尊重生命的自然规律。

生命的规律需要尊重，不要随便挑战它。而且生命的运转需要能量，要想有一个好身体，就该对自己慷慨一些，该吃的吃，吃得有营养，吃得开心，这样才有力气去干活。在饥饿和营养不良的状态下工作，即使能靠意志力能消除欲望，但绝对没有在正常状况下效率高，而且还会损耗生命。

当你有一定的消费水平后，什么都可以节省，就是吃饭、营养不可以节省。在你身体较弱的情况下，买一些价格高的营养品滋补身体，在你拿到奖金后，请家人在饭店奢侈一次，都不是浪费的行为，这是对身体的犒赏。

一些老人总是拿过去的苦日子来教育孩子，我的父母也是如此。看到孩子们整天买这买那，零食不断，嚷着要好吃的，就说他们当年连馒头都吃不上，最困难时树皮、树叶、树根也吃，更别说田野里的野菜、蚂蚱了。

那代人在如此的艰苦条件下顽强生存的精神值得我们学习，但时代毕竟不同了，人们对生活质量的要求也不同了，我们有条件改善自己的生活条件了，这时，对健康和营养有更高的标准才行，再像过去那样艰苦已经没有必要了。不浪费就是节约，而过分节约就是折腾身体。

此外，不注意饮食健康比节省更可怕。比如有的上班族不吃早饭，中午饭随便解决，晚饭也很随意；一些宅男宅女在家里懒得要命，买东西上淘宝，吃饭也是叫外卖，还吃大量的方便食品；还有一些人吵架怄气不吃饭，心情不好不吃饭……

这些做法都是不对的，我们必须认真善待自己的身体，合理搭配饮食营养，一日三餐都要吃好，少吃快餐、方便食品，多吃有营养的东西；而且，无论发生什么事情，无论心情怎么样，都不要委屈了肚子。

忙碌的工作之外，我们需要消遣

面对工作和生活的压力，每个人都在为生存、事业而战，在忙忙碌碌中挣薪水、攒钱、积累财富。

于是，很多人整天一副很忙碌的样子，熬夜加班，随便用

盒饭填饱肚子，一分一秒都不想浪费，俨然一个工作狂。他们害怕自己空闲下来，也不舍得把时间用在消遣上，比如放下忙碌的工作去咖啡厅坐坐，或者停下工作听听自己喜欢的音乐，看一场电影……他们觉得这些是浪费时间。

在我看来，他们怕自己一旦停下忙碌的工作，就会没有安全感，担心失去赚钱的机会，担心别人超过自己，担心自己会因此变得堕落。上节中提到的加藤嘉一，他也说自己除了写作和必要的应酬，基本上没有什么娱乐活动。可能他觉得，那些事情都是没有意义的，只会腐蚀自己的意志，耽搁自己早一天进入日本政坛。

但是，当一个人的生活全被工作占据的时候，他的生活就会少了很多的乐趣，更重要的是，还会影响自己的心情，损害自己的健康，使得工作的效率降低。若长期处于这种忙碌中，你的压力和焦虑感难以排解，工作时会急躁，脾气也大了。

在我就职的某个公司里，就曾遇到这样一个工作狂。他在工作上很努力，老板很喜欢，也拿了不少的薪水，但大家好像都不羡慕他，并对他所做的一切不以为然，有时讨厌他，有时又很同情他。

记得，我刚去公司时，他就坐在我对面，我们都叫他刘老师（年龄比我们大些），负责审稿，听说跟着老板好几年了，年终奖平均下来，比我们的工资都高。在平时，他很少说话，每次看他，都是坐在那里默默地工作。

我们在工作累的时候，会休息一下，聊聊天。他很少插话的，有时我们声音大了，他就会抬头用冷冷的眼睛瞪大家：“别说了，快点工作。”我们马上闭上嘴巴，你看看我，我看看你，然后一起把目光投向他，很想问他：“你都坐在那里看一天稿子了，不觉得很闷吗？”其实，我还是很敬佩他的，如此卖力地工作，如此敬业。

然而，我发现，他中午休息和下班后也是如此忙碌。他从来不拒绝老板加班的要求，甚至有时一个月都不休息，从不请病假。当然，他因此拿了不少的奖金和加班费，每月领薪水时，他才会露出难得的笑容，激动时会和我们聊上几句，偶尔还坐在那里发呆，我想那是他一个月中最快乐的时光。

不过，我们似乎并不向往那样地去工作，虽然收入少了几百，但我们有了放松自己的机会，还有一个能自由支配的周末。而他呢，除了工作还是工作，大家聊天时没他的声音，下班后的聚会也没他的影子。

据我们观察，他几乎没什么娱乐活动，工作便是他的全部。有时，公司暂时没有任务，大家就会想办法消遣一下，或者玩玩游戏，或者到老板的书房找几本小说看看，有的则是找美女聊聊天。只有他待在那里不知道干什么，脸上是依然严肃的表情，实在无聊时，就把过去做过的稿子再看看，套用一句网络词语，就是“他看的是寂寞”。

面对这样一个工作狂，我们不知道应该是感动还是同情，总之，在我们眼中，他是不快乐的，也是孤独和寂寞的。由于把大部分的时间用在工作上，他与大家都不太熟。一次他要搬家，面对太多的东西犯难了（他的腿脚有点残疾），想找同事帮忙，却说不出口。最后，这件事被一个同事知道了，觉得他有点可怜，就提议大家帮帮他。我和一个同事就去了，三个人忙了一上午。他很感动，请我们吃饭时，不知为何哭了。

以后的日子里，他还是那样的忙碌，只是有些日渐消瘦。同事说，他经常去看心理医生，好像患了抑郁症。而我呢，在经过半年的磨炼后，能力逐渐显现出来，老板给我加薪了。恰在那时，老板接了一套书的编写任务。老板考察了一番后，选择了包括我在内的几个人，唯独没有他。老板私下里说，虽然刘老师工作很努力，但他不适合编写这套书。

那套书的编写让我们的收入明显高过了他。他显得有些不高兴，想抱怨老板，又不敢去发泄，对我们的态度也变了，常常莫名其妙地发脾气，低声嘲笑我们。这样，大家更不敢去接近他了。后来，我离开了那个公司，也不知道他现在怎么样，是否还是那样的工作狂。希望他能在工作之余，学会放松，学会消遣。

努力的工作精神值得敬佩，不过，在努力之余，通过消遣、休息、娱乐的方式，让自己获得快乐轻松的心情，然后继续投入紧张的工作，才是最聪明的做法。那位刘老师虽然收入高点，但他很不快乐，缺少朋友，还整天处于焦虑之中。工作狂在短期内能提高效率，但长期下去会使效率降低，这恐怕正是老板没选他的原因。

“会玩才会工作”，就像在学校里，那些整天埋头书海，挑灯夜战的人，未必能考上好大学，就算考上大学，也很难是最出色的人才。美国的学校就不提倡学生苦读，有时你会发现，他们的课堂简直就是游乐场。而且，他们的课余生活很丰富，学生的动手能力很强，走出社会后，很容易适应社会。而我们的一些学生，毕业却意味马上就失业。

工作也是如此，一些工作狂很努力，却没有那些会玩的人有发展的潜力。但是，这种玩的前提是为了放松自己，调节心情，如果过度玩乐就是不务正业。比如，有人下班后整晚泡在夜店不归，有的酗酒，有的在家通宵玩游戏、偷菜、看网络小说，有的不知疲倦地打麻将，有的光顾玩了，却没把工作完成好，这些都不妥了。

我们应该合理地安排工作和休闲时间，该工作时认真工作，该休息就休息，该玩的时候就玩。比如在工作的间隙活动一下，听听音乐，与别人聊聊天；在周末和假期时，走出家门，寻找自己的娱乐方式，或郊游，或聚会，或访友，或参观展览等，使休闲生活丰富多彩，恢复体力，调剂脑力，增长知识。

我们没那么强悍，睡眠不能“节约”

过去，在没有电视、电灯、电器的时代，大部分人晚上 9 点左右就会钻进被窝里。如果不读书，不写作，不聊天，面对静悄悄的世界，无所事事，睡觉是最好的选择。过去的人，基本上都是睡眠充足的。

到了电气时代，照明设备让漆黑的夜变得温馨，在黑夜里，人们照样可以做白天才能做的事情。有了电视后，夜晚的生活就不再那么单调。这时，大部分开始在晚上 12 点以前入睡，睡眠少了，但还不至于影响第二天的工作。

到了近一二十年，各种娱乐的场所开始在中国出现，比如酒吧、KTV 等，整个城市的夜晚犹如白天一样热闹，有大把的时间可以消遣。而这时，人们的工作也开始更加忙碌，有的要加班，有的要熬夜，有的下班后还会做兼职，人们总觉得时间不够用。还有电脑和网络，足够让一个贪玩的人坐在那里整夜不睡觉。

就这样，生活方式的改变，渐渐吞噬了人们的睡眠时间，从充裕变成不足。在晚上十二点以后入睡的人多了，有的人玩到三四点钟入睡，第二天六点左右就起床上班，有的干脆一夜不眠，早晨揉揉眼睛，继续第二天的生活。

这些人就仿佛没有睡意一般，有太多的事情想做，若让他们在晚上12点前睡觉，还真是件很痛苦的事，他们甚至无法理解早睡的人。记得一个女同事在郊区刚租了房子，没电视，也没电脑，她说自己下班后没什么事干，晚上8点钟早早就睡了，早上7点起床。一位男同事就感叹她回到了80年代，把美好的时间就睡去了，太浪费了。

有些人是为了玩导致睡眠不足，有的也是为了工作和事业。加藤嘉一说自己平均每天只有3个小时的睡眠，每天有忙不完的事情，睡觉变得很奢侈。可见，他对肚子不慷慨，对睡眠也吝啬。梁文道大概也是这么多的睡眠，他每天至少要看完一两本书，还有各类的节目，同时还不停地写专栏、出书，或者经常到内地参加各种的活动、演讲，等等。不过，相比加藤嘉一，梁文道对生命的态度比较坦诚点。他曾说要在自己有限的生命里，去做更多的事情。他没有野心，也不期望自己有超强的意志力，只想多普及点“常识”。

还有我的一位历史老师，与他们相比也豪不逊色。他在我们县是个传奇人物，曾三次考上清华大学，却因种种问题未能如愿。后来，他当了一名普通的中学老师，可是到了本该退休的年龄，他还坚持在自己的岗位上。他一天要讲8节课，还是班主任，晚上改作业、备课，同时还是教育局历史组的编委。

他说自己一天只睡4个小时。我们感动的同时，也十分心疼他。不是他想这样，是生活所迫，是无奈的选择。听说他有一个不争气的儿子，好吃懒做，还经常惹是生非，一家人全靠一个老人的薪水维持生活。

然而，我们并不是加藤嘉一，不是梁文道，也没有被生活逼到只能睡4个小时的地步。作为普通人，我们需要一定的睡眠时间，这是梁文道也知道的“常识”，就像饿了要吃饭一样，睡觉是对身体的尊重和生命的敬畏。

人不是机器，可以不知疲倦地运转，生命需要通过睡眠来调节。一两次的睡眠不足可以忍受，长期就对身体不利。专家表示说，睡眠不足容易引发疾病，比如会导致心理失衡、神经系统功能失调、内分泌紊乱，等等。

调查显示，现代人由于忙碌的工作，睡眠不足，心理负担过大，又缺少必要的锻炼，让都市人处于亚健康状态。在我国，约有60%（约7亿）的人处于亚健康状态，其中中年人占有相当大的比例，其次是还在奋斗的年轻人。尽管造成亚健康的原因是多种多样的，但过度疲劳、睡眠不足仍是主要的原因。

若是几天几夜不睡觉的话，还能危及人的生命。现在很多青少年沉迷于网络，一些孩子长时间待在网吧里玩游戏，有的干脆通宵上网，一整夜，或者几天几夜对着电脑屏幕。在新闻报道中，就曾发生过长期通宵上网导致人猝死的案例。

我在中学时代也干过类似的事情，一到周末或者假期，就喜欢跑到网吧通宵上网。我清楚地记得，到第二天身体别提有多难受了，脑袋像塞了棉花一样混沌，没有食欲，啃半个烧饼肚子就发胀，而且还难以入睡，好不容易睡下，梦中会有各种古怪的事情纠缠你，特别累，特别压抑。这种感觉很多人都会有，特别是晚上 4 点以后入睡的人，无论你睡到几点，这一觉都睡得难受。

而且，睡眠不足还会影响工作的效率，影响自己的思维和判断。这点从事脑力工作的人最有体会。人在睡眠不足的情况下，仍然可以做走路、洗衣服、搬东西、坐车等体力活，但若是思考一件事情，静下心去构思文章，就难了，你可能大脑一片空白，做出来的东西也不是精品。在睡眠不足的情况下开车，则更危险。

著名作家余华曾说，如果自己睡眠不好，一天都写不出几个字来，他也会避免在这种情况下写作，状态不好时，宁愿靠看电视来打发时间。为此，他尽量让自己晚上的睡眠能充足，这样第二天才能写出好文章。

我的经历也是很好的证明。我的“处女作”出版后拿到了不菲的稿费（对我而言），足足等于我好几个月的薪水。在激动的心情驱使下，我就辞职自己撰稿。那时，我还很穷，为了每天能多写点文章赚稿费，我尽量减少自己的睡眠时间。很多时候，我要写到凌晨两点，然后再看一会儿电影或者网络视频才入睡，彼时已经 3 点多了，到第二天 7 点强迫自己起床，平均每天不到5个小时的睡眠。

可写作的时间多了，效率却下降了。由于精神状态不好，我总是无法进入写作的状态，一会儿看看新闻，一会儿看看视频，或者断断续续地睡觉，一整天就那样混混沌沌地过去了。有人说，网络写手一天写一万字，我恐怕写两千都很吃力，有时几百字就要写一天。

后来，我干脆睡到自然醒，晚上尽量在两点之前入睡，来一次彻底的睡眠，效果好了很多，大脑清醒，没有困意，写起文章很流畅，最多中午睡一会儿，其他时间都很有精神。每天晚上看着自己又完成了几千字，我会带着满足感幸福地睡去。

可见，保证足够的睡眠时间是都市人健康和工作效率的保证。工作再怎么忙碌，有再多的事情要处理，睡眠都不能耽搁。如果你把睡眠时间用来过度娱乐、上网、泡吧等，就不可取了。

那么，多少的睡眠才足够呢？有人说成人需要8小时，有的说6个小时就足够了。但无论怎么样，专家表示，一个人最少要保证高于5个小时的睡眠。不过，睡眠过长也是坏事，比如一觉睡到中午，那种感觉比熬夜还难受。医生表示，人的睡眠是有周期的，你本该8点起床的话，睡到10点就进入下个睡眠周期，这时醒来，同样没精神，昏昏沉沉地头疼，需要好几个小时才能清醒过来（睡午觉睡过头，也是这种感觉）。

科学家通过研究发现，7个小时的睡眠最健康。一项10万人参加、历时10年的大规模跟踪调查表明，每天睡7个小时的人最长寿。名古屋大学副教授玉腰晓子等人在最新一期美国睡眠协会会刊上撰文说，不论男女，每天睡7个小时最合适，睡得越多死亡率越高，睡得越少死亡率也越高。在这10年中，每天睡7小时的人死亡率最低；每天睡眠时间在4小时以下的人比睡7小时的人，男性死亡率高62%，女性高60%；每天睡10小时以上的人比保持7小时睡眠的人，男性死亡率高73%，女性高92%；另外，8小时睡眠的男性死亡率也比7小时睡眠的男性高11%，女性高23%。

至于专家的研究是否可信，老百姓很难去考证。让自己睡得舒服，睡得充实，不睡懒觉，不恋床，第二天醒来神清气爽，就是适合自己的方式。此外，需要提醒的是，每天尽量在晚上12点之前入睡，最晚不超过早晨9点起床。

强忍病痛不可取

2011年临近春节，我为了买一张回老家的车票，冒着严寒到昌平一个售票点加入排队大军。那天，零下十几度，我穿着单薄的衣服，从早晨7点，一直站到下午2点才买到票。在这七八个小时里，一群男女就暴露在寒风中，焦急地等待着。当时，我鼻子冻得发红，两脚麻木。到了晚上，我就发觉有点不适，流清鼻涕，但没发烧，也不头疼，就没怎么在意。

一周后，我回到了家乡，依旧流鼻涕，嗓子老感觉有痰，就是吐不出来，但我想都这么多天了，再忍两天自然就好了吧。然而，过了几天，病情没加重，但也没怎么好转，嗓子开始有点疼。我就纳闷了，小毛病怎么一个接着一个来，折磨人啊。要病就大病一场，我懒得为小病打针吃药。

在家里，父亲见我总是流鼻涕，也不吃药，就问我是不是病了，看医生了没。我说："没事的，习惯了，过两天就会好的，并说自己在北京很少去看医生的。"我在北京虽然小病不断，但确实没得过什么大病，很多时候都是让身体自然康复。

我没说假话，我在北京的这些年，没去过一次医院，也没找过小诊所，只在药铺拿过几次药，还不经常吃。这是有很多原因的，首先，我平常得的都是感冒发烧、流鼻涕、流鼻血以及各类的小炎症。这些病，看了会好得快些，不看，忍忍的话，一般过个几天，或者一星期，就慢慢好了。

还有就是，看病实在太难太贵，有时看个小感冒、小头疼得好几百，若是住院的话，那就更多了。

我的一个同事曾说过一件夸张的事，有一天，他的手臂有些过敏，就想去医院查查。本来是很小的病，他只是有点担心，并没有太多的不适。然而，医生没怎么诊断，就让他接受了一个又一个仪器的检查，最后告知没什么事，然而检查费却花了 1000 元。

这可能只是个别现象，但却让我对看病产生了恐惧。不仅是我，我认识的很多人基本上都没去过大医院看病，小病或者忍着，或者随便吃点药。

虽然我是一副无所谓的样子，父亲还是告诫我说：“有病就看，千万别忍着，很多大病就是从小病积累出来的，别以为年轻忍忍就行了，那是折腾身体。我过去也跟你一样，小病从来不看，到老了，各种顽固疾病就来了。你看我的气管炎就是过去忍出来的，现在想看都不容易看好。”

是的，父亲也像我一样年轻过，得了小病从来不看，总是扛着，觉得自己的身体很坚强；到如今，身体渐渐不如往日，当年日积月累的小病变成难以治愈的大病，让晚年的生活多了不少烦恼。在家时，总是听母亲说，父亲最近又腰疼了，不能干重活，等等。

小时候，县市级的电视被一些乱七八糟的广告占据着。父亲看到那些卖药的广告，会笑着说都是骗人的，叫我们不要相信。现在，他却开始尝试购买，虽然依然觉得骗人的可能性很大，但总希望有奇迹出现，盼望那些被吹嘘得神乎其神的药品能治好自己的病，为此花了不少的钱，病却从未完全治好过。

母亲和父亲的看法一样，小时候，由于某些原因，我们家里过得一直很紧张，很拮据，很多时候都没有收入来源。在那种情况下，原本就很勤劳节省的母亲更节俭了，不舍得吃，不舍得穿，生病了，也是能忍就忍，结果是积累了很多的病，直到不得不看时，才知道这是一笔更大的开销。生活条件好了以后，母亲不再苛刻对待自己，有了小病，就会去村里的诊所去看；看到父亲或孩子出现身体不适，又懒得找医生时，她就会“不厌其烦地唠叨”，让我们去看病。

我过去何曾没有这方面的教训呢？虽然很多时候，一些小病忍忍就会好的；但有时候，忍的结果却是病情越来越重。记得高中时我住校，有次熬夜学习，导致有点发烧，但不太严重，就没怎么看；过些天不发烧了，却开始有点咳嗽起来，这次依然不太严重。我想过两天就好了吧，又没去看。

确实过两天不那么咳嗽了，然而从那时起，我开始不正常地喘气，并变得越来越严重，我这才去校医室看病。医生很年轻，看了两眼以为是感冒，就拿了一些药让我吃。不过，我的病情并没怎么好转，反而比之前还严重了，有时会不由自主地连喘好几次，晚上睡着了，也会突然喘一下，并伴随身体的抽搐，连人带床一起颤抖。当时全身难受，感觉肌肉就像快要坏掉一样。我知道问题严重了，就匆忙回家了。

回到家，母亲陪我去看医生。那是位经验很丰富的医生，找他看病的人络绎不绝。他说我的病很严重，是气管方面的病。我说自己没得过这病啊，医生判断是感冒引起的，并说感冒不治的话，慢慢地会演变成其他的病症，很多大疾都是长期的小病不看导致的。

我这才相信同学们那句“平常不得病的人，一旦得起病来，就是很严重的病，甚至是看不好的病”。其实，他们平时也得病，只是忍着不看医生，这让一些疾病在他们身体内长期积累、变异，等自己得了场大病就追悔莫及了。

那次，医生给我挂了两天的吊瓶，还配了一些药吃。第一天，我就好转了，到第二天基本上不喘了。不过，幼年惨痛的经历并没让我警醒，等自己一个人独自漂泊时，我又成了那个懒得看病的傻小子……

于是，父亲这次就拉我去镇里看医生，又到药店拿了一些治疗感冒发烧之类的药。他说平时家里要储备一些药，如板蓝根、感冒药、消炎药等，并让我回北京时带走一些。像母亲一样不厌其烦地唠叨：“有病就看，不能忍着，哪怕是小病。”

父亲还向我介绍他的看病经验：感冒之类的，可以先自己吃点药，不行的话就去找医生，看他开什么药，下次遇到同样的病，就按照他的药方自己去药店拿药。若自己把握不准的病，就别乱吃，去找医生查查。

是啊，什么都可以忍着，就是身体得病不能忍着。看病难，看病贵，不能成为自己逃避看病的借口。我们要对自己的身体负责，对生命有敬畏感，舍得花那几个看病的钱不叫浪费。而且，不要对自己过于自信，哪怕你有李小龙那样强壮的

身体，很少生病，也要听听医生的建议。

著名的“扁鹊见蔡桓公”就是很好的证明。扁鹊发现蔡桓公有病，但不严重，可以治愈，但固执的蔡桓公认为自己不会得病，就没把扁鹊的话放在心上。扁鹊第二次、第三次见他，并警告他的病已经从皮到肉再到骨头里，蔡桓公还是不信。等他发现自己真的病了，并且越来越严重时，扁鹊却说已经无药可治了。无论这个故事是否真实，都证明了小病不治，难免有大患的道理。

同时，我们也不要盲目那些热卖的养生书籍。以我的观察，里面有一些好书，但也有一些东拼西凑的烂书混在其中，还有一些书把道听途说的民间偏方也写进去，比如生吃泥鳅，等等。盲目相信那些所谓的“大师”，或许比你有病不看还严重！

锻炼身体的时间是不能省的

我们不仅要吃好、睡好，还得有一个健康的体魄，这样才能少得病，有抵抗力；若爱美、保持形象的话，还得有一个好身材——苗条或健硕。然而，忙碌的现代生活和快捷的交通方式，使得人们运动的时间和空间越来越少。

过去，人们大多干的是体力活，身体每天都处于运动的状态。现在，从事脑力劳动的白领越来越多，每天一动不动地对着电脑处理很多事情，有时连送达文件、发通知、开会这种事情都可以通过网络来完成。

过去，我们都是骑自行车上班，离单位近的话，步行也是不错的选择，还能看风景与人聊天说笑。现在，汽车、公交、地铁成了代步工具，电梯也省去人们攀登的辛苦，但你走的路越来越少了，气喘吁吁的时候越来越多了。

过去，人们早晨会做体操，在清晨的阳光下，在悠扬的广播声中，活动身体的各个关节，喊出体内的能量。如今高楼林立，广场拆迁了，仅有的一片空地也被停车场霸占了。没有哪个老总让你在公司做体操，就算老板允许，你自己都会觉得尴尬。

过去，周末的时候，你喜欢跑跑步，傍晚来临的时候，到公园里散散步。现在，工作忙了，累了，要娱乐的事情多了，要么一觉睡到中午不起床，要么一天宅在家里不出门，上网，看电影，或者泡在酒吧里不出来。

由于缺乏运动，现代人的体质开始下降，有的人长期处于亚健康状态。我有一个朋友长期宅在家里，去一趟超市都觉得累。有的人身体走形了，大胖子、小肚子、“假孕妇”多了起来。男人长了肥肉，少了肌肉，女人的苗条身材不见了，镜子都不敢看。还有的人由于缺乏锻炼，手脚大脑都变得迟钝，干起活来毛手毛脚的。

我们常说，生命在于运动，越运动越健康，越运动体质越好。机器不运动会生锈，同样的道理，人不运动也会出问题。所以建议大家，无论我们有多么忙碌，一定要抽出时间加强锻炼，并坚持下去。在这点上，我是赞同加藤嘉一的，他每天都坚持跑步。

然而很多人说自己太忙碌，根本没时间锻炼，早晨要早起等公交赶着上班，在公司里没有运动的空间，到了晚上又不知道去哪里锻炼。还有的人想去健身房，却消费不起，办张卡要上千元，快是自己半个月的薪水了。

我觉得这些都是借口，想锻炼的话，总会有办法，比如晚上躺在床上做做仰卧起坐、俯卧撑，早晨起床后在阳台活动活动身体，不花钱，只花力气；在公司吃过午饭，别一直坐着，去找同事聊聊天，或者到楼下的花园逛逛，看了风景还调节了心情。

同时，你可以买一些健身器材在家里面锻炼啊。如今各类的健身器材应有尽有，如果你收入不高，家里的空间也有限，完全可以买一些小型的健身器材，比如哑铃、握力器、沙袋等。如果你收入较高，房间的空间也允许，可以买一台跑步机等。跑步机的价格不贵，有了它，有时间就可以做运动，不受空间、天气等限制。

在这里，我还建议公司的管理者，如果有条件，就改善一下员工的工作环境，像谷歌一样，在工作之余，给员工提供一个娱乐和锻炼身体的地方。这样既能缓解工作的压力，调节情绪，还能锻炼员工的体质，从而激发员工更大的工作热情，让他们有力气去干活。何况员工还会觉得你是一个人性化的老板，更愿意跟着你工作。

第七章　不要吝啬对友情的“投资”

如果说事业需要投资才有丰厚的回报和收益，那么友情也需要“投资”，当然投资的未必是金钱，而是需要你“浪费”点时间、精力去经营，并愿意放下姿态，放下面子，甚至和你讨厌的人交往，因为他们都是你人脉的一部分。你“投资”的是友情，收获的却是人脉。

因此，对于一些好朋友，记得常打个电话问候，有空出来一起喝酒聊天。对待朋友要大方些，做人低调些，太小气太自大了都容易被孤立，不如学会吃亏，把小便宜让给别人。而且，不要给自己制造敌人，能成为朋友的，最好不要做敌人。

“投资”友情很重要

要说谁对我们最重要，除了父母、孩子、爱人，就是好朋友了。在人生的每一个阶段，我们都需要朋友的陪伴。小时候，身边要有小伙伴一起玩耍，否则我们会不快乐，也不利于自己的成长发育。上学了，我们有了同学，一起上学，一起游玩，这时，我们学会了交往，懂得了友谊的重要性。

等走入了社会，我们的朋友越来越多，有生活上的朋友，也有生意上的朋友，还有在各种场合认识的朋友。朋友不仅带给我们友谊的快乐，还为我们编织了一个关系网，使我们的生活变得更方便。

然而，朋友多了也会让人苦恼，那么多人，每个人都必须保持联系吗？必须永远交往下去吗？不同的人会有不同的答案。有的朋友是一辈子的，无论什么时候，你们的关系都那么好。有的朋友只是短暂的，只存在于我们生活的某段时光里。你过去可能有过很多朋友，但几年后，或许很多人连名字都想不起来了。

特别是走入社会后，昔日的同学、朋友都各奔东西，大家一年之中难以见上几次面，彼此都有各自的工作和家庭，生活压力大，每个人都忙碌着自己的事情，形成交集的机会少，有时想在一起聚聚，都很难协调各自的时间。

大家都有了新的生活圈子，世界观也不同了，喜欢讨论的话题也不一样了，难以找回过去的那份亲密感，渐渐有了陌生感和距离感。而且，因为接触较少，对方完全在你的生活圈子之外，变得可有可无。于是，一些人产生了“还有必要联系吗”的疑问。我有一个网友，他就曾说了自己的烦恼。

小陈毕业于南方的一所普通大专，在大学里有一群好哥们

儿，关系很铁，那时有钱同花，有苦同吃，有难同当。他们曾说，这辈子都做好朋友，谁有困难了，就互相帮助；当然了，若谁发达了，不能忘记穷哥们儿。

然而毕业后，他们彼此选择了各自的人生，去了不同的城市。有的继续升本或者考研，有的工作不顺利，做起了小生意，还有的回到县城，结婚生子，过起了平凡的市井生活。小陈有更大的野心，他想去北京寻找自己的梦想。

刚分开的几年里，他们的联系还很频繁，经常打打电话聊天，或者在 QQ 群里聊天。每次回家，小陈都会找他们玩。因为在那个时候，小陈在北京没几个认识的朋友，一个人在地下室租房子住。白天同事们都忙着自己的工作，加上他性格有点内向，与大家的交往并不多，而晚上也没个伴，常常面对着墙壁发呆，十分的无聊和孤独。于是，他才与过去的朋友联系得很密切。

一两年过去了，大家都有了自己忙碌的事情，联系不再那么频繁。这时，小陈也渐渐适应了北京的工作生活，有了自己的朋友圈子。他们都是有共同兴趣的人，而且，他还交了女朋友，生活不再孤独和寂寞，时间变得不够用。

忙碌的工作、新的生活和交际圈，让他与过去的朋友联系越来越少。很多时候，大家都在 QQ 上，却选择了隐身；有时聊上几句，除了寒暄和生活的琐事，很难找到共同的话题，你说的对方不懂，对方说的你又不感兴趣，说着说着就没词了。

大家只是在过节或者对方生日的时候发几条从网上抄来的短信，有的干脆一键群发。短信内容很精彩，但那毕竟不是亲手写的，类似的短信不知见过多少次。收到这样的内容他没有一丝的惊喜，有时根本没兴趣看，也懒得去回复，就把别人发给自己的短信，再转给这位朋友。

更重要的是，他觉得与那些朋友已经没有了联系的价值。这些朋友都不在北京，一年见不了一次面，所从事的行业也和自己不同。而且，他没想过回乡，这辈子就在北京了。生活上大家不能互相照料，事业上能帮忙的地方也少。

他说自己更乐于与北京的朋友交往，认识圈子里的人。这些朋友你能感受到他们的存在，能经常见面、聊天，是生活里的朋友，也是人脉的一部分。而远方朋友，不过是可有可无的旧情。

出于这种的心态，他不愿意再主动联系他们了，后来电话都懒得打了。友谊是双方的，当你爱理不理，过去再好的朋友都不会再赔着笑脸主动联系你。几年之后，当年的朋友几乎都不再联系他了。

听了他的述说，我有些感慨，包括我自己也经常为此事烦恼，有很多过去很好的朋友，现在基本上都没了联系，责备自己是不是交了新朋友，就忘了老朋友。这类人还有很多，很难用对与错或道德标准去评价。对普通人而言，朋友多了，自己能够分享的时间就会有限，总是与身边最要好的朋友保持密切

的联系，难免会冷落过去的朋友。

不过，在重视友谊、重视人脉的人看来，朋友是要花时间去经营的。他们认为，友谊这东西，不能等需要了才去联络人家。当有一天你需要别人、需要友谊的时候，你再突然联系人家，跟别人热情，就显得你虚情假意。他们或者懒得去帮你，有的即使帮你也没了当初的热情。那时，你再后悔就晚了。友谊的大门一旦关上，再开启就很费力。

我就听说一个人的故事。小李高考落榜后，就一直在长三角一带漂泊，他的朋友都是电子厂工人、饭店服务员什么的。2007 年，自学电脑成才的他去了北京一家网络公司做技术员。自从来北京后，他觉得自己的视野开阔了，应该与更高层次的人交往，与过去的老朋友联系的就少了。

不过，小李在北京并没混出什么名堂来，真正的好朋友也没几个。有一次，他辞职了，在找工作的过程中，不幸把自己存有全部积蓄的银行卡丢了，更要命的是，他的身份证也一起丢了。没了身份证不能挂失银行卡，也无法办新卡。

当时他身上只有 100 元钱，再过两天还要交房租。他想让家人把户口本寄来，可从挂失到补办新卡，需要很长的一段时间，那 100 元根本不够花，何况还要交 1000 元房租。他找北京的朋友借，由于关系不是很铁，朋友都说自己钱不多，最后只借了 200 元钱。

面对人情的冷漠，他才发现平常的交情不代表真正的友情，有些人表面上与你很好，可当你真正需要他的时候，就躲得远远的。他想起自己当年的那些好哥们儿的种种好处，可是这么长时间都没理睬人家，又突然联系，还是借钱的事情，他们会帮他吗？

但他还是给老朋友打了电话，他说了自己的情况，如他所料，对方除了关心几句，也说自己最近很困难。这点他很理解，朋友们已经对他感到陌生了，也没了当年的那份信任。如今的骗子太多了，不能不防。一位专家说，多年不联系的朋友，无论过去多么好，你都要重新去认识他。

最后，他只好打电话给家人，想让爸爸给自己打 1000 元到另一张卡里，却没有打通，只听到欠费停机的提示。除了昔日朋友，他连亲戚邻居联系的也少，几乎没有他们的任何联系方式。无奈，他只好用最后的 100 元钱买张火车票，当夜匆忙赶回了家。

他向家人要了 1000 元钱，拿着户口本又匆匆地赶回来。他到北京时，已经是夜里 11 点，没有通往住地的公交车了。他想起一个北京的朋友在附近住，想到他那里借宿一晚。打电话过去，朋友说他妈妈、弟弟都在他那里，实在不方便。夜里的风呼呼吹着，他感觉这座城市如此寒冷。他只好在火车站待了一夜。

如果小李平常与那些老朋友常联系一下，或许对方就会帮助自己。专家说的那句话很有道理，很长时间不联系的朋友就是陌生人，你必须重新认识他。只有常联系，才能获得朋友的持续信任。

对那些关系很好的朋友，无论过去的，还是现在的，都要把这份友谊保持下去。我们这一生中能称得上知己的人不会太多，能为自己两肋插刀的兄弟也不多，错过了，就再也找不到那么好的朋友。而那些能对自己事业有所帮助的人，无论你是否喜欢他，无论他是否已经功成名就，都应让他成为自己人脉的一部分，保持联系。

不要觉得那些千篇一律的短信、电子贺卡没有意义，这是一种仪式，内容不重要，重要的是你还常常记得别人。平常看到朋友在网上，去打个招呼，发个笑脸聊几句；隔一段时间，打个电话问候一下，说说彼此的情况。那些长久不见的朋友，有空邀他们一起去喝个茶、吃个饭。浪费一点时间，浪费一点钱，得来的却是友谊和人脉。

别太自私，也别摆阔

我们都喜欢与那些大方、勇敢的人交往，这样的人一般心胸开阔，待人友善，性格豪爽，做起事情来也很积极，敢于担当。有的人则不同，他们在交往中总是斤斤计较，老想着自己的那点小利益，做事情顾虑太多，总是躲在后面坐享其成。这样的人，不单会给别人留下抠门、自私、不够意思的印象，还很难交到好朋友。

在一个小公司里，有很多年轻员工，大家都相处得比较好，出去聚会、吃饭都是抢着请客，有什么零食也一起分享；在平常相处中，十分愉快，都懂得忍让、顾及别人的感受，在某些问题上，还特别团结。

后来，公司走了几位老同事，又来了几位新同事。

刚开始，老员工像过去一样叫上新员工一起聚会，有时AA制，有时互相请客。由于是老员工，他们都是抢着付账埋单，过了一段时间，老员工觉得新员工也该请请他们了。可有一个新员工，总是蹭饭吃，嘴上说请客，每次都不见行动。到最后，这个新员工也不好意思再去了，就以各种借口推辞。

老员工也表示了理解，没去计较。他们观察得知这个新员工平常比较节俭，不爱花钱。不想请客也就没什么，但他在平常的相处中也显得特别抠门、小肚鸡肠，还很自私自利。

比如，他有好吃的，很少与大家分享，却对别人的食物毫不客气，来者不拒。有时候，在工作上发生点不愉快，他还会记仇，一点都不懂得忍让；有好处时总想独占，对自己不利时就躲得远远的。

有一次，大家觉得公司的伙食太差，老板不厚道，打算“联名上书”，要求老板改善伙食。这事是由那位新员工首先提出的，但等大家真的要干时，他却退却了，不仅把名字签在最后一个，还在老板面前妥协了。

渐渐的，大家都不愿意和他交往了，有点讨厌他，都说跟他交往很不好。直到最后，谁都不想理他，他成为了大家孤立的对象。这种情况导致他在公司里独来独往，愈加孤立、怪异，还影响了自己的工作，后来便辞职了。

这个故事告诉我们，在平常的交往中，不能过于小气、自私，不要太在乎自己的那点钱、那点小利益，要懂得与人分享，舍得友情的投资。比如主动埋单，这是一种礼貌，也是交往的艺术；并且，要有团结的精神，敢于担当，一起维护共同的利益。

虽然上面说“做人要大方，做事也敢于走在前面”容易让我们获得朋友的好感，赢得尊重，但过犹不及，太“浪费”了就不妥了。如果没钱还一个劲儿地摆阔，就是打肿脸充胖子；如果做事过于张扬好事，爱惹事，就是出风头。

这样的人很多，一些人明明没什么钱，却把自己装成很大方的样子，今天请这个吃饭，明天给那个买东西，殊不知他口袋里没几个钱，还经常向别人借钱花。如此下去，谁还愿意和你在一起玩，你越是大方，别人越是不敢靠近你，也不想借钱给你。

可能有的人是为了面子才摆阔，怕在朋友面前没面子，怕失去朋友，怕被人孤立。但我只能说，为了面子装大方，那是活受罪，越是这样，越是没面子。每个人必须根据自己的承受能力决定自己的大方程度。

看到一个女生在博客上写道，宿舍里几个女生家境都不错，喜欢逛街，喜欢去KTV，喜欢聚会。她觉得自己没资格享受那种生活，大概她没多少生活费，但又怕被大家孤立，最后还是经常和大家在一起玩，也经常请客。可她不能总是这样，她是拿着父母的血汗钱吃喝玩乐，她有资格过这种生活吗？为此，她整天生活纠结中。

其实，每个人都应有属于自己的生活方式，不能为了怕孤立就硬着头皮过另一种生活方式。你应该去过一种与自己匹配的生活方式，生活方式永远与自己的收入成正比。一个收入不足2000元的人经常请别人去咖啡厅，去酒吧，我不觉得他多么有品位，多么小资。

吃亏是福

在上节中已经讲到，若是我们过于自私，会影响自己沟通和交往的效果，拉开与对方的距离，甚至会被敌视和孤立。

那么，如果有人能主动吃亏，或者让点小利给别人，对方一定会很高兴。也许，你因此损失了一点小利益，但你却获得了他们的好感，拉近了你们的距离，减少了敌对。损失的背后，或许蕴藏着更大的利益，吃小亏，换来大回报。

如果你是个卖菜的小贩，平常对顾客态度很差，还经常缺斤少两，总想着占顾客的小便宜，买你东西的人就会越来越少。如果你能让顾客占点小便宜，比如两块一，给两块就算了，或者多给顾客点东西，顾客就特别高兴。你少赚了几毛钱，却赢得了长期的顾客。他们会觉得你很实在，下次还会来买你的东西，如此，你的顾客会越来越多，赚的钱也就多了。

在与朋友交往、同事相处中也是如此，特别是新员工。你若是到一个新公司，摆出一副趾高气扬的派头，就会得到很多不屑的眼神，日后的工作也会遇到很多困难。倘若你能低调点，学会吃亏，就能很快融入大家的圈子中。当然，吃亏只是暂时的，当你通过自己的努力获得了提升，就不会再吃亏了。

陈平大学毕业去了一家图书公司工作，到那家公司后，发现那里男同胞少得可怜，公司里都是一群漂亮的美眉。

陈平应聘的是图书编辑，他当时刚从大学里出来，没工作经验也没有社会经验，再加上是新来的员工，所以在公司里十分小心。公司里的女孩都是老员工，都不爱主动打扫卫生，陈平来了就成为了大家的卫生专员，公司里有什么工作之外的活儿也被陈平包了，就连买早餐和午饭也常常是陈平跑腿。工作上也是如此，如果哪个女同事有一时难以完成的任务都会找陈平帮忙。有时明明是自己的功劳，可他总是把鲜花和掌声让给别人。

此外，如果陈平与哪个女同事发生了矛盾，也是让自己多吃点亏，让对方多占便宜。但是，陈平的吃亏是一种智慧。这种吃亏让他快速融入了这个新集体，拉近了与女同事间的距离，也赢得了她们的好感，后来还成为了很好的朋友。当他也成为老员工时，就再没有人“欺负”他了，而且他在吃亏中也学到了很多做人的哲学和处世的方法。

在公司渐渐站稳脚跟后，陈平这才崭露头角，通过自己的努力，赢得了老板的赞赏，也受到了女同事的尊重，最后还让一个美女编辑成了自己的女朋友。

还有一种吃亏，是将面子让给别人。面子代表着作为一个人的人格和尊严，而给别人面子就是给他一份厚礼，让他脸上有光，满足他们的自尊心。

你给别人一个面子就相当于承认别人优秀，如果他领了情，日后也一定会对你做出相应的回报。有时，给别人面子，还能避免他们因某事而出丑或受到批评，帮助他们在尴尬的时候圆场。那么，他们日后会感激你的，说不定哪一次就帮了你的大忙。

有一个集团公司决定让几家分公司各选出一位最优秀的员工参加总公司的评比。虽然没什么金钱上的奖励，但能去参加评比，在分公司里则是一件很有面子的事情，很多人都希望自己能评上。当时在某分公司，小刘和老王的呼声都很高。小刘是个年轻人，聪明能干，很受大家喜欢。老王则年长，还是部门领导，也很优秀。

小刘觉得老王年长，能评上优秀是应该的，而且老王快退休了，这些荣誉对他很重要；自己还年轻，以后有的是机会，就找总经理，主动要求退出评选。结果，老王代表公司参加了总公司的评选，获得“十佳优秀员工”称号，给分公司赢得了荣誉。

老王得知小刘把这个机会主动让给自己后，很感动，觉得这个小伙子不错，经常给他工作上的指导，使得小刘进步更快了。到老王决定退休时，他就极力向公司推荐小刘接替自己的位置。从那以后，小刘平步青云，最后进入了总公司担任领导。

可见，给别人面子是一种处世的技巧，虽然吃亏，却是一种对未来的投资。

不过，给别人面子的形式是否恰当、给的时机是否适宜等一系列问题都会影响到给别人面子的最终效果。若给面子的方式不对，别人不领情，反而会很讨厌你。比如对方很低调，你把一个太高调的面子送给他，他会很不舒服。或者，你给了别人面子，却故意让大家知道，到处宣扬，这样显得你太虚假，对方也不会感激你。所以，做人要低调，给人面子也要低调、自然，如此，才能获得别人的好感。

帮助“敌人”，成就朋友

生活中所谓的敌人和仇人未必有什么深仇大恨，很多时候，我们与“敌人”间的矛盾是可以化解的，比如与邻居发生口角，与同事打架形成的敌人，或者是因为利益竞争形成的敌人。

当在这些“敌人”遇到困难时，如果你能抓住机会帮他一把，就是一次很好的危机公关。他一定会很感动，并由衷地敬佩你的大度，说不定以前的矛盾就此化解，甚至与你成为了朋友。其实，只要我们足够善良和真诚，就没有绝对的敌人。

陈一寒和刘杰在公司里都很出色，可是平时两人互相看不起，并在工作上明争暗斗，私下里也基本上不来往。后来，总经理跳槽，空缺的职位将通过竞选方式来填补。陈一寒和刘杰都是最佳的人选，为了获得总经理的职位，两人展开了激烈的竞争。最后，陈一寒赢得了这个位置。

刘杰很不服气，觉得这个位置应该属于自己，论资历和能力，他都不比陈一寒差，凭什么他能当选，自己选不上。他对陈一寒的恨更深了，并怀疑陈一寒有讨好老板、拉选票之类的不良行为。

陈一寒上任后，为了开展工作，很想改善与刘杰的关系。不过，刘杰却是处处与他作对，还经常在老板面前打他的小报告，有几次还在公司诽谤他。这些陈一寒都没跟他计较，默默忍着。若是继续斗下去，陈一寒完全可以用自己手上的权力“整治、修理”刘杰一番，或者使用手段逼走刘杰。但他真的不想再与刘杰斗下去了，一方面自己做人坦荡，不会使用那些手段；另一方面继续斗下去，只会两败俱伤。

该怎么改善两人的关系，结束敌对状态呢？陈一寒为此很烦恼。有一天，刘杰连续加班两天病倒了，住进了医院。由于他的父母不在身边，没有女朋友，与同事的关系也很差，所以身边没有人照顾。听说他病了，一些过去与他有矛盾的人还笑他活该。

而陈一寒获知情况后，第一个去医院看望了刘杰，态度十分友善，一点都不计前嫌。起初，刘杰还不领情，认为陈一寒虚情假意，是来看他笑话的。但再敌对的情绪在这种情况下也会感动的。陈一寒的热情渐渐融化了刘杰冰冷的心。陈一寒发动同事一起轮流照顾刘杰，自己更是忙前忙后，像是刘杰最好的朋友一样。

这次事件转变了两人的关系。从那以后，两人还成为了好兄弟，应了那句不打不相识的老话。他们在工作上互相合作，友好竞争，几年后，两人一起辞职组建了自己的公司，成为了并肩作战的合作伙伴。

能成为朋友的，最好不要做敌人。有一句名言说："少一个敌人，就多一条出路。"一个敌人就像一堵墙，他随时都有可能挡住你的路，反对你，纠缠你。如果你树敌过多，你前进的道路就困难重重，而多一个朋友就多一条出路。

第八章 “浪费”也是一种教育方式

自古以来，很多父母都喜欢以一种高高在上的姿态对孩子严加“管教”。他们会为孩子规划好一生，包括理想、兴趣、职业都设定好了，孩子只能服从和接受。为了达到自己的目标，他们逼着孩子考高分，参加培训班，要求他们必须是前三名，或是拿大奖。有的父母很少真正去了解孩子在想什么，总是以自己的角度去判断孩子的喜怒哀乐。其实，教育需要适当地放任，需要一种“浪费”的教育方式。比如多给孩子玩的时间，多让他们看点课外书，多给他们一些自由和选择权，多表扬和肯定他们，同时还要多花点时间了解你的孩子，多点时间与他们相处。

别让学习负担夺走孩子的快乐

人长大了总是爱怀念儿时的岁月，特别是80后的一代。看完“筷子兄弟”的《老男孩》，我们为自己曾经坚持或早已放弃的梦想感动和哭泣，看完徐静蕾主演的《让爱情进行到底》以及《今年，我二十七八岁》后，感慨80后步入而立之年的感伤，而听完那首《韩梅梅和李雷》，我们又仿佛回到了纯真和快乐的年代。

有一天，我和一位山东老乡就聊到了这个话题，然而，他却说对自己的青春没有太多的记忆，像一张白纸一样单调，并带着淡淡的忧伤。在我询问下，他讲了自己的青春故事。之后，我整理出了下面的这段文字。

在我20岁前的生命中，我最快乐的时光是童年。很多美好记忆，很多值得怀念的朋友，仿佛都发生在那个充满阳光的年代。我甚至觉得，在我11岁到20岁的岁月里，我的记忆是空白的，无趣的，没有特别难忘的故事，也没有太多值得怀念的人。记忆的胶片暗淡无光，让9年的时光一闪而过，唯一留下的是一个少年的哀愁。

中学时，我每天都会做梦，梦里的都是孩童时的玩伴，他们总是很年轻的样子，我们还像过去那样无忧无虑地在大路上奔跑，在河里捉鱼，或者中午到田里偷甜瓜吃。然而，每当从梦中醒来，却发现自己早已不属于那个年代，失落感和无尽的空虚袭来。

在没上学之前，我没有学习的烦恼，想怎么玩，父母都不管。渐渐长大后，爸妈觉得孩子不能老是玩，得学习才行。于是，妈妈拿起哥哥姐姐的课本，把我关在家里，不让我出去玩了，想让我提前认识几个字。可我很不喜欢这种生活，但我没办法，只想快点结束，好找小朋友玩，那样我才自由自在。

后来上学了，成绩却很一般，我留级了，没想到第二年，我却成了班级第一名。我得到了老师、父母、同学、邻居的关爱和赞赏，只是这种关爱让人有点压抑。那时，我的数学老师还特意把我调在他的讲桌前面，背对全班同学。我十分的不快乐，如坐针毡，一举一动都在别人的注视之下，更逃不过老师的眼睛。在这种情况下，我必须做全班的好榜样，考分要比别人高，回答问题要比别人好，出一点错就会受到批评。

见我学习成绩优秀，家人在我学习的问题上“认真负责”起来，不准我随便出去玩，不准看电视，除了课本，什么课外书都不能看。我与小朋友玩的时间越来越少了，每当我完成作业找他们玩时，他们总是揶揄我是个“三好学生”。

我那时特别羡慕哥哥姐姐，他们成绩一般，父母从不严格要求他们。在我学习的时候，他们却可以与朋友和同学们玩耍。我想他们一定比我过得很快乐，我在大多数时间面对的只是冰冷的课本和试题，没人看着，我就对着窗外发呆。

也许是老师和父母的过分关注，从小学二年级后，我的成绩就大不如以前，从第一名滑到第二名，又由第二名滑到第三名。老师有点失望，但他马上有了新宠，我也从讲台前搬回了原来的位置，同学们对我的态度有了微妙的变化。

老师不再特殊照顾我了，家人却对我特别严格起来了。除了老师布置的作业，爸妈还会布置额外的学习任务。这样我玩的时间就更少了。当别人在玩的时候，我在小小的房间里一个人看着枯燥的课本，很多时候我并没有看进去，我能听见隔壁的电视响着，播放着我喜欢的电视剧。

记得有一天晚上，陆毅的处女作《永不瞑目》开播，我特喜欢看。吃饭时，我看完了第一集，正准备看下一集，这时，妈妈走过来，表情严肃地说，还不到你屋里学习去。我恋恋不舍地回到小屋里，一个字都看不进去。我很想看看欧阳兰兰与肖童的爱情是怎么开始的，于是就偷偷地躲在门外看，但不小心被妈妈发现了，结果你是猜得到的。

也是从那时起，很多小伙伴都不愿找我玩了，谁会和一个总是在家写作业的孩子玩呢，人家觉得你太高尚了，对你敬重地保持距离。何况，家人也不让我随便出去。当他们允许我出去的时候，小朋友都不知道跑到哪里去了。我只好一个人来到街头站一会儿，看着过往的行人发呆。我觉得自己很孤单，很想拥有快乐。

那时，我已经十一二岁，大概进入了青春期。我当时尚不知青春期是一个什么观念，不知在进入这个年纪除了身体之外的微妙变化。我有了自己的心事和苦恼，但父母却从不猜测我的心里在想什么，有什么秘密是他们不知道的。他们始终不变的是我能不能把自己的成绩搞上去。

我的性格本来就很内向腼腆，不喜欢大声讲话，不善于主动地交往。再加上长期被父母约束在家里学习，在十三岁后，我觉得自己渐渐与周围的世界疏远了，性格开始有点孤僻。当父母偶尔允许我找伙伴玩时，我却找不到以前的快乐了，彼此都多了份陌生感，让自己很压抑，甚至恐惧见到过去熟悉的邻居和朋友。

我开始逃避，干脆不出门了，或者害怕出门，用学习来伪装自己沉闷的生活。别人都以为我在用功读书，说我将来一定能考上大学，父母也很高兴，我终于不用他们催，就能老老实实地待在房间里用功（其实是在发呆）。

可是当听到大街上伙伴们的笑声，我内心的痛苦又被唤醒，我十分渴望走出去与他们玩耍。我有了改变性格的尝试，想走出小小的院子，与朋友交往，哪怕到大街上溜达溜达也行，否则我怕自己在那个狭小的房间里会崩溃掉。

爸妈并没有意识到我性格和心理上的变化，当我想改变自己时，父母就以学习重要为由，继续让我用功学习。从此，我越来越孤僻，不想出门，不想见熟人，连过年时，我都躲在家里不出去。这时，父母才觉得我不对劲，开始鼓励我出去，责怪我越大越腼腆。但那时我已经没有勇气改变自己了。其实，从那时起，我就有了抑郁症的倾向，并往严重方向发展。在最压抑的时候，我甚至想过死亡。只是我不知道那是病，父母也没察觉。

这种状态，一直持续到中学时代。长期养成的性格，让我放不开自己，总是喜欢逃避现实，看上去就是一个傻傻的男生。当别人玩闹的时候，我在那里看书；当别人搞活动时，我却躲在一边观看。我会羡慕每一个人，羡慕他们的每一天都是那么的精彩，而我每天就像白纸一样单调和无趣。

每次回家里，一切还是老样子，爸爸会问我的成绩如何，是不是在外边胡混了，有没有认真学习。有一次，我成绩考得不好，有两门功课都不及格，爸爸很生气，说不行就别上了。但功夫总算不负有心人，我第二个学期的成绩又赶上去了，爸爸也没再提退学的事。可是母亲还是像以前那样，在学习方面把我看得紧紧的。我知道她是为我好，但我十分痛苦这种生活，渴望一个人去流浪。

在那几年里，我的日子过得单调苦闷，没有娱乐的方式，不会足球篮球，也不会下象棋、打扑克，没什么可去回味的东西，过着一种仿佛与世隔绝的生活。伴随我的是翻烂的书本和小小的房间，连课外书都没有几本。

即便父母很用心，我也一次次地试图努力，但我还是无法做到优秀。高考时，我这个总是躲在家里用功学习的“书呆子”，只考上了一所很普通的大专。他们都失望了，但我感谢父亲最后还是给了我上学的权利，只是我上了半年就退学了。因为我的性格无法适应大学的生活，诸如那个民办大学如何烂，只是我逃避的借口。

20岁后，我一个人偷偷跑出家门去流浪。没了学习的压力，没了对校园的恐惧，我慢慢放开了自己，性格开朗了一些，找到了生活的快乐，也对未来有了希望。期间，我去过饭店，下过工厂，尔后来到北京寻找文学的梦想。20岁后，我渐渐有了值得回味的记忆。

这就是我的故事。在这里，我并不想责怪自己的父母，我知道他们所做的一切都是为我好，这点我很感动，很多父母都会，甚至正在这样做着。但是，我并不认为这种教育方式是正确的，这使一个少年在学习的负担和压力下，没了快乐和自由，没有提高成绩，还陷入了青春的抑郁。如果在很多年后，我成为一位父亲时，我只希望自己的孩子能快乐地度过自己的青春，我也会关注他的学习，但是我不会剥夺他的快乐。

看完朋友的故事，我也变得沉重起来。这不应该是一个孩子的成长经历，在应试教育制度下，当我们把分数和成绩当成唯一目标的时候，我们的教育就会出问题。很多家长为了让孩子成才，让他参加补课班，安排很多的学习任务，还不准孩子看电视、与小朋友出去玩。有的家长要求孩子必须进入年级前三名，使得孩子压力重重。

如此，原本属于快乐的童年和青春，就被繁重的学习任务给占据了。孩子的书包越来越重，玩的时间和娱乐的方式越来越少。有时周末想放松一下，家长却给孩子找来各种家教，让他们继续用功学习。可孩子们并不喜欢这样的生活，他们渴望不用补习的日子，渴望在某个周末，能浪费一点时间，尽情地玩闹。然而，在父母眼里，这种想法是偷懒，是不认真。

处于这种环境下成长，孩子心中的压力和烦恼就无法排解，时间长了，就有了心理负担，性格也会发生变化。这些年来，青少年的心理健康问题引起了大家的重视，我朋友的经历就是很好的说明。他之所以变得自闭、孤僻和抑郁，一方面是他没有勇气改变自己的缘故，但这种懦弱性格的形成，却与成长环境以及父母的教育方式有着很大的关系。

除了我的朋友，有的孩子离家出走，有的与父母关系恶化，有的动不动就选择自杀。这些人当中，不乏那些成绩好、在老师和家长眼中非常优秀的学生。如果他们生活在快乐之中，还会如此的叛逆和极端吗？

再说，上学的目的不是为了考分数，让孩子学到有用的知识才最重要。有的学生除了学习和考试，什么都不会。就算考上博士，若只会背课本，没有实际能力，你依然会一事无成。

因此，作为家长，你应该在关注孩子学习的同时，多“浪费”点玩的、休息的、娱乐的时间，让他们能够快乐地度过童年和青春生活，至少能在快乐中学习。同时，父母不要总是单方面地要求孩子怎么做，还应该了解孩子的感受，了解他的内心世界，如果他出现了孤僻、抑郁等问题，就帮助他走出心灵的阴影。

课外书与课本一样重要

小时候，我喜欢读书，可是我们家里除了学校里发的课本，以及奶奶家的几本《毛泽东选集》外，基本上没什么书可看的。每当看到电视上那些小朋友家里摆满了书，小说啦、百科啦、漫画啦，我就十分的神往。

对书、对阅读的渴望，还让我还干过一件很缺德、很没素质的一件事情。还记得那是很多年前的夏天，省政府号召经济发达地区要帮扶省内“贫困地区”（与沿海城市相比），我们县就成了青岛市的对口“扶贫”对象。善良的青岛小朋友们觉得我们大概穷得连书都买不起吧，就把一些看过的书捐给了我们，足足有几卡车之多。

有一天，这些书都运到了我们学校，然后再分发到各学校。由于书太多，没打包，也没装箱，司机像倒垃圾一样将它们倾卸在校园里，希望学校来处理。

一堆又一堆的书倒在教学楼前的广场上，眼花缭乱，很多学生就像做梦一样，他们从来都没见过如此丰富的书，而且还是他们很想看又买不起的书。司机卸完就走了，学校领导抱怨他们太不负责任，就没严格看管这些书。

也许是我们太喜欢看书了，面对诱惑，有人偷偷拿走了几本，接着更多的人跃跃欲试，直到场面失控，我也未能免俗，拿了很多的书偷偷放在了宿舍里，激动又恐惧。至今回想起来，那种感觉就像做梦一样，不敢相信那是真的，就仿佛在梦里你拥有了所有梦寐以求的玩具，却又无限失落，担心醒来还是一无所有。

后来证明，这的确是一场梦，书没来得急看就被学校搜走了，全部锁在一楼的两间教室里。每当下课经过时，我都会神往地看一眼，幻想长大后要买比这儿还多的书。

说这么多，只是想告诉大家，孩子在年少的岁月里是十分渴望阅读的，不然学生也不会失控去抢书。然而，很多老师和家长却认为太多的课外阅读影响学习，只有看课本和教材才是最好的阅读。

依稀记得，上小学的某天晚上，我被母亲赶到小屋里学习，但我实在没兴趣看课本，太无聊了。我拿起哥哥在初中发的课外读物《在希望的田野上》看起来，觉得内容太一般，又拿起一本《中学时代》看。

不知何时，母亲走了过来，说道："叫你学习，你却在这里看闲书。"我辩解道："这是哥哥发的课文读物，不是闲书。"母亲没听我辩解，只是说："看课本重要啊，还是看课外书重要，你最近学习下降，都是看这些书看的吧。"

在一个重视应试教育的年代，我能理解父母的做法，她只想让孩子把精力用在课本知识上，觉得只有多看课本，多做题，才能考出个好成绩。在他们看来，课外书就像看电视一样不利于学习，是不务正业的学生才干的事情。

学校教育也陷入了一种空前的急功近利的误区，很多学校把升学率作为奋斗目标，班级之间也互相竞争成绩高低。老师天天要求学生啃课本，推荐的书目也是参考资料。过分重视课本教育，使得课本学习屡屡成为敲门砖和投机工具。学生的书包越来越重，然而学生自己想看的书却没几本。

很多父母、老师都忽略了读书的目的，无论是课本还是课外读物，都是获取知识的一种途径。上节中讲到，上学的目的是获得知识，不是为了分数，只要你能从课外书上获取知识，就是有意义的。而且，课本的知识是有限的、基础性的，也是滞后的，不会顾及方方面面。如果一个人只接受课本教育，就会成为书呆子。这样的人知识面狭窄、结构单一，与社会脱节，思考问题也不灵活。

当你参加知识辩论的时候，当同学们一起聊天的时候，别人口若悬河，你却一问三不知，傻傻地看着别人，这样的学生成绩再好也难以获得掌声，长大后也未必是有用的人才。曾和一个上高中的理科女生聊天，我说自己是山东的，她竟然不知道山东的方位在哪里。我问她没学过吗，她说忘了，除了学习，很少关注这些知识。可见，没常识是多么可怕，这样的书呆子出门不被骗才怪呢。

然而，父母老是觉得，你认真学习，认真听课，就会掌握很多知识。记得小时候在与家人一起看电视或者聊天时，父亲总是说这个你应该知道吧，那个你应该懂吧。很多时候，我都表示不知道。他们就生气地说，你这学是怎么上的，老师没教你们吗？我当时很反叛，就告诉他，这些知识都不是课本上能学到的，老师也不会把地球上所有的知识都教给你的。我课外书读得少，自然很多事情都不太了解。

所以，要想懂得多，就得多看多涉猎，或者更深入地去阅读。只有通过广泛的阅读，才能丰富自己的知识，开阔自己的胸怀。那些经常上电视节目的学生，那精彩的表现，都源于他们平时大量的阅读。无论是天文、地理、文学、历史、科学，只要是知识，都可以去了解，绝对没有坏处。

我国著名的语言学家吕淑湘先生也说过，他学习语文，三分得益于课内，七分得益于课外。通过阅读，我们可以跨越时空，了解古今中外的事情。我们还可以通过阅读和名人对话，歌德说过，读一本好书，就是在和高尚的人谈话。

如果你是文科生，就更应该多读书了。一个书看得少的人，文采就不会太好；写小说的人如果不经常看小说，只靠老师教的写作技巧，能写出优秀的作品吗？想想自己至今未在文学上有所成就，大概也跟小时候缺少课外阅读有关吧。

而且，读书能积累大量的写作素材。杜甫说：“读书破万卷，下笔如有神。”可以这样说，凡是作文写得好的同学，都是喜欢课外阅读的，因为我们可以从课外书中学到一些好词佳句，可以模仿一些写作方法，可以积累一些写作的素材。

此外，读书还能提高孩子的修养、品位，获得周围人的尊敬。很多智慧、灵感和思考，也是在阅读的过程中产生和进行的。从劳逸结合的角度，一定的课外阅读，还能让孩子在繁重的学习任务中获得放松，减轻学习的心理压力。

所以，父母们要明白，不是只读课本才能学到知识，要多给孩子一些阅读的时间；课外书不是闲书，相反它会使你的孩子更聪明、更有前途。

对孩子少点管教，多点尊重和放任

最近，有关药家鑫的新闻和讨论充斥了各大网站的首页。

事情的经过很简单，一个少年开车撞死了一名妇人，怕对方找麻烦，竟不顾对方的苦苦哀求，连刺数刀，致人死亡，逃逸，而后又自首。受害者家属、网民愤怒了，说这是不可饶恕；但某些精英人士却同情杀人者，为他辩护，说此人平时很优秀，是钢琴天才，杀人的动作是弹琴的习惯性动作；还有自称其同学的女生说，若是她也会那么干。

我的观点是，只要你不属于正当防卫，有主观杀人的想法，就应受到严厉惩罚。但我今天要谈论的不是这场交通事故，而是他在接受央视采访的一段自述。

药家鑫从3岁的时候，就被要求学习钢琴，并取得了不错的成绩。然而，他却说自己活得压抑和痛苦，人生没有什么价值、追求。初中时，他就有自杀的念头，觉得活着没什么意思，除了弹钢琴还是弹钢琴。

当记者问他为何会有这样的感觉时，他说虽然自己喜欢弹钢琴，但如果总是把弹钢琴当成一种必须要完成的任务时，兴趣带给自己的快乐就荡然无存。据介绍，药家鑫的父母对他的管教十分严格，药家鑫必须按照他们的规划生活和学习，每天必须练一定时间的钢琴，必须达到某种程度，否则就会受到父母的惩罚和责备。

记得有一段时间，他实在受不了如此呆板的学习生活，内心极度渴望自由，就没配合父母的管教。结果，父亲就把他关进了地下室里，除了吃饭，剩下的时间都在里面学习，通过这种严厉的方式强迫药家鑫完成学习任务，让他变得成绩优秀。虽然药家鑫小有成绩，这种教育方式却给他的人生埋下了很多隐患。

成绩优秀，不代表有完善的人格，也不代表他更有理性。长期的压力得不到释放的话，会导致他们做出傻事，甚至比普通人还愚蠢和无知。记得很多年前，用硫酸烧伤黑熊的清华学生刘海洋，也是一个被“严教”出来的孩子。

刘海洋生活在一个单亲的家庭，母亲对他要求十分严格，很多事情他都无法自己做主和选择。在母亲的严厉管教下，刘海洋几乎失去了自我价值判断的能力，甚至走哪条路骑车上学安全也要向母亲请教。

刘海洋的母亲回忆时曾说，他唯一的一次“反抗”出现在填报高考志愿时。“他当时喜欢生物，可我认为他该学计算机，就把他填写的志愿涂了，可他自己又给改了回来，我又改，他再涂。我告诉他要再改我就把志愿单撕了，他才哭着同意了”。

可见，一味强迫孩子按照家长的方式学习和生活，或者给他太多的压力，剥夺他太多的空间，就会影响他的健康成长。他们要么会与社会脱节，变成一个不食人间烟火的书呆子；要么没有形成自己的价值观和道德观，在人格扭曲中成长；有的最后成功了，却疯掉了。

虽然父母作为孩子的监护人，在孩子没有长大之前，有权利也有义务管教孩子，不过，这种管教应该在尊重孩子的前提下进行，尊重包括尊重孩子的兴趣爱好，尊重孩子的选择权，尊重他们的理想。

父母做的更多的不应是家庭教育的独裁者，而是孩子成长的导师，或者叫引路人。

我们还常常听说一些在父母严格教育下的神童，他们或者三四岁就通晓四书五经，或者十岁不到就力大如牛，或者成为某个领域最小的“天才”。我们在惊叹的同时，又十分同情他们。他们这些成绩的取得，并非全部来自天赋和喜好，更多是父母通过严酷训练的结果。一些父母为了把孩子培养成天才，工作不做了，就天天陪着孩子锻炼，不让孩子偷懒，不让他们有自己的选择……我们不能把孩子当特种兵来训练，如果不是天才，你非要培养成天才，最后只能承受拔苗助长的恶果。

没人喜欢自己被人设置在条条框框里生活，吃饭、睡觉、学什么、看什么书、交什么朋友都被一条条地规定好。过多的约束和限制，会消磨一个人的个性，还会使人痛苦和压抑。大人如此，小孩也是如此。

小孩有自己的成长特点，有自己的兴趣爱好，也有自己的理想和追求。作为父母不能把自己的想法强加给孩子，让他必须接受。作为孩子成长的引路人和导师，你在管教的同时，还应该多给孩子一定的选择空间，多点放任和自由。

同时家长要学会向孩子妥协，比如你很想让孩子学习钢琴，但孩子却十分热爱文学，并显露天赋，对钢琴一点兴趣都没有。这个时候，家长应该作出一些让步，让孩子做自己喜欢的事情，这是对他最大的尊重。

给孩子创造一种“有约束，也有自由”“有批评，也有肯定”“有引导，也有放任”“有严厉，也有宽松”的家庭教育氛围，孩子才能快快乐乐地成长。当孩子快乐了，他才有激情向成功迈进。

给自己的孩子多一点肯定

一位朋友说，在他小时候的记忆里，听到父母说的最多的一句话是：“你看小区里的谁谁在班里每次都考前几名，他学习是多么多么努力，人多么多么聪明。你什么时候能像他们一样啊……”

朋友的父母是这样，其他父母也是如此。走亲访友，父母聚会，大人们常常会在一起议论孩子的成绩，但很少有父母把自己的孩子表扬一番。如果在外边做做样子也算了，但关键大人们在自家孩子面前，也喜欢表扬别人家的孩子，仿佛别人家的孩子总是更优秀的。

这位朋友说，在他十几年的学生生涯里，他基本上没得到过来自父母的一句赞赏，比如“你这次成绩考得真好”“你太棒了”，父母从没说过。成绩差时批评你，成绩好时他们觉得理所当然。朋友常常会疑惑，父母不爱自己吗？难道自己没有需要表扬的地方吗，还是自己真的很差，已经无药可救了？

事实上，在他成绩遇到挫折的时候，他最渴望的还是来自父母的一句鼓励，在他取得好成绩时，多么想听听父母的一句赞美和肯定。有这样心情的学生很普遍，比如下面这两个学生，一个成绩差的和一个成绩好的。

小寒是个中学生，他的成绩中等，努力过，却一直不见起色。而邻居家的莉莉，与他同在一个班级，每次都是前3名，是整个小区里被众人夸耀的对象。为此小寒没少被爸妈批评，爸妈总是当着他的面或者在客人面前说："你看隔壁的莉莉多聪明，每次都考前3名。你怎么就这么笨？不知道你是怎么学的，是不是整天在学校里瞎混啊，若是被我们知道，非打断你的腿不可！"

每当小寒父母拿隔壁的莉莉与他作对比时，他就感到无地自容，非常的自卑，想反驳，却没有底气。所以，他最怕父母问他的成绩，每次考试成绩公布后，都不敢告诉父母，能拖着就拖着，能躲着就躲着。

有一次，小寒的期中考试成绩出来了，莉莉是第2名，小寒是第20名（全班40名同学），还有一门不及格。他想若让爸妈知道，非得骂他一顿不可，上次就因为数学考得一塌糊涂，惹得爸爸一个星期没给他好脸看，吓得他做什么事情都小心翼翼的，这次更怕了。

放学后，小寒没有坐车，而是步行回家，磨磨蹭蹭，到很晚才回家。妈妈问他怎么回来这么晚，他说路上堵车。匆匆吃晚饭，电视都不敢看，他就悄悄回到自己的房间学习。妈妈还以为他学习用功了，其实他是怕他们问自己的成绩。

可是事情总归要知道的，早晨小寒妈和莉莉妈一起买菜，就从莉莉的妈妈口中得知她女儿考了个第2名。小寒妈赞扬了一番莉莉后，晚上回到家没好气地问小寒：“你们期中考试成绩已经下来了吧，怎么不想告诉我们?”

妈妈继续说：“你看看人家莉莉，这次又是第2名，你什么时候也能让我们在周围的邻居面前扬眉吐气一次啊!”

爸爸这时走过来说：“就你这学习成绩，将来怎么会有出息，还不如退学跟我学做生意，那样才能学点东西，让你上学只能浪费钱。”

小寒不说话，默默听着他们的批评。许久，他回到自己的房间面壁思过。他努力了，为什么爸妈都看不到?难道非得考个第1名才算好学生?在他心中，是多么渴望爸妈能多给自己一些鼓励和肯定，多么希望爸妈少在自己跟前夸赞莉莉，他会无限自卑的。

不过，总是被小寒父母称赞的莉莉并没有大家想象中那般快乐。她虽然每次都拿前3名，但第1名的位置却始终被另一个女孩占着。她的父母也总是说，你为什么不能考个第1名给我们看看呢，你比她笨吗?

莉莉的妈妈在她面前说得最多的，就是那位总是考第1名的女孩，莉莉本不讨厌这位女孩，她漂亮、优秀、聪明，但每当妈妈说起她的名字，她就十分厌烦她。那位女孩就像一座无形的大山一样，压在她的面前，让她无法去逾越。在别人看来，自己的前3名是令人羡慕的，但在自己看来，她却没有一点快乐，无论多么努力，都很难让父母满意。

又一个期末考试来临了，莉莉压力很大，想超过第1名，证明给父母看，同时又怕发挥失常丢掉前3名的位置，如此妈妈更会批评她了。越是担心，人越是紧张，在数学考试时，由于精力不集中，她有好几道题没做出来，那足足是30分的题呀。

成绩下来后，莉莉不幸跌到了10名的位置。结果可想而知，父母没少批评她。莉莉觉得自己无法面对父母，整天闷闷不乐，吃不下，也睡不着，一个月下来，瘦了一圈。这下，可把父母吓坏了，不敢再批评她。

当时莉莉的爸爸有一个从事青少年教育的朋友，他就把女儿的情况告诉了朋友。朋友给他讲了很多，从朋友家回来后，莉莉的爸妈谈了一夜，在反思自己，并决定改变教育方式。从那之后，两人不再指责莉莉，而是鼓励她如何把成绩赶上去，态度温和了很多，也不再要求必须进前3名，告诉莉莉要相信自己的能力，失败只是暂时的，下次一定能赶上。

听到来自父母的鼓励，莉莉心里暖暖的，压力和恐惧一下子就释然了。她又回到了正常的学习状态，并且比以前还快乐了很多。虽然她始终未能超过第1名，可她确实一直在努力，父母不再批评，而是鼓励她继续加油。后来，莉莉考入了浙江大学。

每个孩子，无论是差生，还是佼佼者，都需要来自父母的鼓励和肯定。在打工的时候，我们付出了，希望得到老板的肯定和表扬，孩子也是如此。小寒的父母不能因为儿子没有莉莉强，就一味批评他，否定他的付出，那样会打击他的自信心。

那些第 3、第 2 名孩子的父母们，应该向莉莉的父母学习。你的孩子已经很优秀了，太多的批评会让他们有压力，甚至感受不到胜利的喜悦，不如像莉莉的父母一样，改变教育的方式。如果孩子哪次考试失常，还应该容许他们失败，把批评换成一种鼓励，这样才有利于他们的进步。

不仅在学习方面，孩子在成长过程中的很多方面都需要父母表扬和肯定。比如孩子学自行车，进步很慢，摔了一次又一次，你最好别批评他说：“真笨，你怎么学了这么久都学不会呀！”不如说：“别怕，再练练你就学会了，我们相信你。”用心理学术语来说，表扬和肯定是一种正强化教育。行为主义心理学家斯金纳认为，给孩子施加他们喜爱的鼓励，可以增强孩子良好的行为。

不过，没有批评的表扬也未必是好事，批评和表扬是互相补充的，缺一不可。我们常说骄傲使人落后，溺爱使人丧失斗志。表扬多了，孩子就会飘飘然，没有危机感，遇到错误还表现出一副无所谓的样子。聪明的父母应该左手批评教育，右手表扬肯定，把两者结合起来，孩子才能健康成长。

花时间多了解、关心一下你的孩子

成龙在接受某节目采访中，说过一件既幽默又很伤感的事情。他笑称自己去接儿子放学，他以为孩子还在上小学，就去了，结果没见到儿子的影子，原来儿子已经进了中学。这件事成为他无法抹去的内疚。

成龙是国际巨星，为了防止自己的家庭遭到媒体曝光，在房祖名没长大前，儿子和母亲一直过着“隐身”生活，与父亲聚少离多。

房祖名曾说，从自己记事开始，就被父母要求保守一个秘密——不要告诉别人自己的父亲是成龙！父亲基本上一年只到洛杉矶和母子见上两个礼拜，而且从没带他出去玩。父子间的隔阂无可避免地产生了。

读初中时，他曾跟父亲说：“你是大明星，却是个不称职的父亲。不管我怎么搜索，我的记忆里都没有你的身影，连背影也没有！”这句话说得成龙很内疚，他决定亲自到学校接儿子一次。母亲欣喜地告诉房祖名：“阿仔，放学后在校门口找到爸爸，他要带你回家呢！”房祖名开心极了。可放学后，房祖名在校门口张望了一个多小时都没见到父亲，他只好哭着走回家。晚上，成龙失望地回来了，他说在学校门口等了很久都没看到儿子。原来，成龙不知道儿子已升入初中，竟在儿子曾就读的小学门口等他。

同样的事情，在李敖和他的儿子李戡的身上也发生过。名人如此，何况普通人。很多父母忙于自己的事业，一天到晚见不到人影，或者常年奔波在外，一年半载不在家里，聚少离多。他们要么把孩子留给父母照看，要么把教育儿女的责任都推给妻子，还有的干脆请保姆，找最好的托儿所。

于是，父母们对孩子的了解越来越少。很多时候，孩子看到的只是父母来去匆匆的背影，听到的只是远在天边的电话。你可能不知道孩子最近的学习情况如何，不知道他有什么兴趣爱好，不知道他正在和什么朋友交往，甚至像成龙、李敖一样，连孩子上几年级都记不清了。这样的父母说出来，会被大家笑话，何况是孩子呢。

孩子在未长大前，是渴望被父母关注的，并有着小小的攀比心、虚荣心，攀比不是金钱和家境，而是父母对自己的爱有多少，关注有多少。比如开家长会时，别的家长都来了，就自己的父母没来，孩子会觉得自己在同学面前没面子，心中对父母会有很多怨言。上学时，别的孩子由家长接送，他却一个人孤零零地上学回家，与天地对话。当别的孩子凑在一起，讲自己父母间的开心事，讲父母对自己的关心，他远远地躲在一旁，羡慕他们幸福的模样。他无话可插，因为实在没有太多的事情可讲，除非说谎，把父母描绘成十分关爱自己的样子，以满足小小的虚荣心和自尊心。

由于长期的疏远，隔阂与代沟就会产生，加深彼此的陌生感。亲子间的陌生感是最可怕的距离，一旦产生，就很难去弥合。或许，等你有时间再去与孩子亲近时，发现孩子已经不爱与你讲话了，把你当陌生人一样躲着。他宁愿天天在外边与朋友混在一起，也不想坐下来和你说说话。若是遇到青春期，这种叛逆情绪更严重。

父母更需要注意的是，缺少对孩子的关心，会影响孩子的心理健康以及性格的形成，如孩子变得孤僻、抑郁，等等。有的父母对孩子花的心思少，使得孩子在外边瞎混，甚至走上犯罪的道路。还有的父母，由于粗心，在小女孩遭遇性侵、偷尝禁果怀孕很久后才知道，这是做父母的失职。

因此，作为父母，无论你有多么忙碌，无论你漂泊在何方，都应该抽出时间与孩子相处，陪他们说笑，陪他们玩耍，问问他们最近的情况，关心一下他们的学习生活，让他们感受到你的存在，拉近亲情的距离。

对另一些父母而言，他们虽然与孩子相处的时间比较多，也很关心孩子的学习，然而他们对孩子真正的需求却一知半解。在我看来，世界上最遥远的距离，有一种便是父母每天在儿女的身边，却不知道孩子每天在想什么。

这种遥远的距离，最容易发生在孩子的青春期。孩子长大后，有了自己的小心思，有了属于自己的喜怒哀乐，不再是那个疼了就哭，高兴了就笑，委屈了就闹的小傻瓜。如果父母再用过去的眼光判断孩子的行为举止，就难以了解孩子。

有一个小女孩成绩非常好，是父母的掌上明珠，不过她也到了情窦初开的年龄。进入初中后，他喜欢上了一个男生。他阳光帅气，活泼开朗，成绩优秀，还多才多艺，是大家公认的

“班草”。女孩坐在男生的前面，他们却很少讲话，他们之间的交往只局限于借个橡皮，帮人传个纸条之类的。后来，这个男生向她表白，说要追求她。女孩明明渴望一场恋爱，明明喜欢这个男生，却拒绝了，她怕周围人的目光。

那之后，男生喜欢上了另一个女孩，并成了她的男朋友，两人还经常在她前面打情骂俏的。女孩有种失恋的感觉，整天胡思乱想，夜里做梦都是男生的影子。她上课经常开小差，考试也无法集中精力，那学期成绩考得很差。

女孩父母并不了解这些，只是批评了她，认为她这段时间学习不用功，不是看偶像剧，就是看小说，晚上还偷偷上网聊天。女孩本想与父母聊聊自己的心事，前思后想，却放弃了。她觉得他们不会理解自己，以父母的脾气，说比不说更糟糕。

父母越是批评她，女孩的脾气就越孤僻、难以捉摸，有时还跟他们顶嘴，或者什么话都不愿意和他们说，总是一个人待在房间里。女孩的爸爸就感慨说，过去她不是这样呀，怎么越长大就越不懂事呀！

其实，这样的情况很常见，父母总是以自己的人生经验，以自己的世界观去给孩子下定论，缺乏对孩子深入的了解和判断，导致自己的判断出错。故事中女孩的父母忽视了孩子进入青春期可能会遇到的变化和心理特点，又没有做好沟通，没有主动去了解孩子的内心在想什么，仅对孩子异常的行为进行批评，如此会使孩子关闭沟通的大门。

你应该还记得，我在本章第一节，曾讲过一个朋友的案例。他父母总是要求他在家里学习，使得他与小伙伴的接触少了，到最后越来越疏远，让性格原本内向的他，变得更孤僻，最后发展为严重的抑郁症。

十几岁时，他逃避现实，不想出去见人，并渴望死亡的解脱。然而，他父母并没有意识到他的这些心理变化，想象不到他内心的痛苦和挣扎，他们看到的只是儿子异常的举动，没有觉得那是一种严重的病。父母的粗心使得孩子的抑郁长期得不到解决。

如果朋友的父母当年能放下父母的高姿态，多与朋友好好交流、沟通下，了解一下他的内心世界，或开导他，给他温暖的鼓励，或找心理医生帮他治疗，那么，朋友的苦闷和压抑就可以得到释放，也将拥有快乐阳光的青春。

所以，亲子间的沟通非常重要，在孩子的成长过程中，父母应多多去了解自己孩子的变化，多关心孩子的生活、学习、情感的状态，并进入他的内心世界，让孩子拥有一个快乐的童年和青春。

第九章 婚姻需要“浪费”点激情

有人说，婚姻就应该是油盐酱醋、周而复始的平淡生活，还有人说，婚姻是爱情的坟墓，把浪漫、情趣、幽默都埋葬了。其实，这都是借口和逃避。婚姻不是爱情的终点，在漫长的岁月里，我们需要“浪费”点激情，把爱情进行到底。你应该继续保持自己的幽默和浪漫，偶尔还需要吵吵架，斗斗嘴。而防止爱人出轨，你做的不只是抱怨和批评，更应该做好自己。

夫妻间不要吝啬玩笑和幽默

幽默是一种现代生活，可以说，我们在各种场合都需要点幽默精神。演讲需要幽默，这样才能讲得精彩、生动、引人入胜；平常与人说话要幽默，交谈才显得轻松愉快；谈恋爱也需要幽默，如此才能把女孩哄开心。

幽默带给了我们快乐的心情，释放了压力，还点缀了枯燥乏味的生活。没有了幽默，周围的世界会变得死气沉沉，压抑、尴尬又孤独。因而，我们都渴望与幽默的人交往和交谈，希望生活多点快乐的气氛。那些少言寡语、不苟言笑的人，人们可能会觉得他很有气质，有神秘感，但却不愿意靠近他、亲近他，只是远远地观望他。

在婚姻生活中，幽默和玩笑同样重要。两个人天天生活在一个屋檐下，睁眼是她的身影在晃动，闭眼是他的气息在飘荡。如果两人没有孩子，面对空空的房子，在无聊漫长的时间里，再不说点开心事，讲个笑话，那只能面对着电视机傻笑了，或者两个人都不说话，默默做自己的事情。

夫妻是最亲密的人，回到家，就没了外边的约束。二人的世界，不能像在外边那样严肃，更不能太客气了，否则这样的生活就太没激情了，太没劲了。以前的人由于受包办婚姻和传统文化影响，夫妻间一辈子没开过一句玩笑的人太多了，不是不会，而是不好意思。但是今天不行了，如今的年轻人开放多了，不再为了结婚而结婚，他们对婚姻有了更高的要求和期盼，希望能找一个自己喜欢的人建立一个幸福的家庭。两个人除了要和谐默契，还要有共同语言，平常能说说笑笑、打打闹闹，如此才过得有意思。

有位女士曾这样给作家柯云路写信：

“老公个子中等，对父母比较孝顺，也念兄弟姊妹之情，对家庭对女儿也能尽到基本的义务和责任。但他不温柔、不体贴、不浪漫，在外面有说不完的话、吹不完的牛，回到家就像闷葫芦……”

确实有这样一些男人，在外边特别能说，在狐朋狗友面前卖弄口才，但到了家里却懒得对自己的老婆说说玩笑，简直把老婆当空气看待。

可能他们觉得都老夫老妻了，没有必要说笑，但女人不是这样想的。她们希望家里的气氛欢快些，期待老公陪自己聊聊天。如果你太吝啬自己的幽默和玩笑话，把家庭气氛搞得如死水一般沉闷，妻子就会觉得不被尊重，并对婚姻生活感到厌倦。那时，她会对太死板的婚姻说“不”。太压抑了，有的人有了出轨的念头，有的人则不再忍受煎熬，选择了离婚。离婚对她们来说是一种权利。

下面这个女孩就是个例子。

玲玲今年 29 岁了，大龄城市女青年，黄金剩女，有房有车，在一家贸易公司做主管，由于忙于工作，个人问题一直没有解决。眼看就 30 岁了，周围同学的孩子都会打酱油了，她开始着急，父母也天天逼着她谈恋爱。

在接下来的日子里，她在父母的安排下，开始频繁地相亲。条件好的很多，满意的却不多。她不差钱，担心有钱的男人太花心，跟他们结婚很没有安全感。也有条件一般的，但油腔滑调的，让她觉得既不成熟，又不稳重。

她觉得男人还是踏实一点好，还要有学问，有气质。按照她的要求，一位同事帮他介绍了一位男士，此人是电脑工程师，在一家著名的网络公司上班，收入也不菲。在接触中，此人虽然话语不多，却彬彬有礼，很有绅士风度。而且，他还是一个爱读书的人，两人谈论最多的是哲学，不过大多时候是玲玲听他讲，她觉得当他谈哲学的时候很性感。

恋爱半年后，两人结婚了，还请假去三亚度蜜月。当婚姻的新鲜感被渐渐冲淡，当所有的伪装、矫情都卸去，婚姻变得实实在在。天天面对他，吃喝拉撒，喜怒哀乐，都展现在玲玲的面前，想藏都藏不住。这时，玲玲看到的不再是他美好的一面，他的不足和缺点也毫不保留地展现在玲玲面前。在恋爱的时候，她觉得他的学识、沉默、温文尔雅是一种气质，但当他变成玲玲的老公时，才发现这样的他太无趣了。

这个男人，除了爱谈他的哲学思想，对其他事情都漠不关心，沉默的时候，玲玲觉得他太闷；说话的时候，高深得让人觉得崩溃。他从来不讲笑话，也不懂得幽默，都两口子了，还对玲玲客客气气的，搞得玲玲也亲近不起来。

很多时候，家里的气氛死气沉沉的，闷得叫人窒息。男人倒是无所谓，默默地做自己的事情，读书、上网、出去散步，逼得玲玲也默默地做自己的事情，做家务、看电视、出去见朋友，平时两人只有简单的交流和问候，连房事都是“礼貌性上床”。

但是，玲玲不是文艺女青年，孤独在她眼中不是时尚，也不懂得用灵魂与他进行亲密的交流。她是一个活在通俗的世界里的女人，性格开朗，平常都大大咧咧的，爱说爱笑，还爱整人，搞恶作剧。但结婚后，她的幽默细胞都放进了冰窟里，压抑着。她厌倦如此沉闷的生活，再这样下去，她怕自己会疯掉。

结婚前，她觉得那些油腔滑调、贫嘴的男人不够稳重，结婚会没有安全感；现在发现，太文雅、太老实的男人同样让女人失望。当一个男人把你当成空气一样冷落在一边，女人的尊严就难以受到尊重，这时还谈什么幸福快乐，有的只是对生活的抱怨。玲玲为此咨询了婚姻专家，专家告诉她，婚姻不是一个人的问题，需要双方共同努力，不能总要求对方该如何，自己也应该去努力。

玲玲觉得专家的话很有道理，老公如死水一般“淡定”，难道自己就要等着变成死水里的咸鱼吗？不，她必须主动点，让自己的热情和幽默变成一股清泉，把老公那片死水湖变成清澈的淡水湖。那时，水里的鱼就可以活蹦乱跳了。

但是，老公的那片死水湖盐分太高，任凭她这条溪流如何努力，都没有改变他的沉闷。在那些日子里，玲玲主动跟老公开玩笑，跟他讲公司里的趣事，还想着点子在家里搞点恶作剧。但这一切在老公看来，很没有意思，还说玲玲很幼稚。弄到最后，玲玲自己都不好意思了，那感觉就像一个人在台上讲笑话，下面的人则毫无表情地像看傻子一样看着她。

没有老公的互动，玲玲的努力以失败告终。生活又恢复了往日的沉闷，玲玲觉得再这样过下去，她会彻底崩溃掉的，鉴于两人没有孩子，也没什么太多共同财产，就提出了离婚。男人这才意识到问题的严重性，但已经晚了，玲玲很坚决地离开了他。

男人始终想不明白，玲玲为什么要离开自己。在他看来，生活本来就应该如此平淡如水的，他从小便在这样的家庭里成长。他希望自己的老婆是一个温柔贤惠的女人，会做饭，会做家务，两人一起平淡地生活……

但是，他却忽视了自己的责任，也忽视了现代女性对生活质量的要求，他过于大男子主义。等他意识到自己的过错，并决心要改变时，玲玲已经嫁给了她的一位同事。与他相比，那个人幽默有趣，懂得如何让家庭气氛变得快乐，让平淡的婚姻不枯燥。玲玲说，这才是自己想要的婚姻生活。

所以，在婚姻生活中，幽默交流与快乐的气氛很重要。幽默可以让平淡枯燥的婚姻生活充满快乐，增进夫妻间的亲密感，同时还能化解矛盾和冲突。懂得幽默的夫妻，时而吵架，却不伤和气；而不善于幽默的夫妻，一旦吵架，可能就是漫长的冷战。

让自己多点幽默，就是让婚姻多点幸福。

你还有当年的浪漫吗

有一个女人这样抱怨说：

“不知道为什么，老公婚后变得越来越不浪漫了。有一次，我们约好了要去看电影的，下班后，我在家等了好久，结果他来电话说要和朋友一起喝酒。我说我们说好了看电影的，你怎么变挂？结果他却说不就是一场电影嘛，有什么好看的，改天买碟，在家看，还省钱。我心里很难受，我看的其实不是电影，而是两个人能够在一起的浪漫。

还有一次我的生日，我以为他会给我一个意外的惊喜，但是我失望了。他根本没有任何的准备，也没有让我有浪漫的感觉。他在当天才想起那天是我的生日，晚上只是随便买了份蛋糕去饭店吃了一顿。

即便有时他浪漫了，却总是过去的老一套，一点变化都没有。我都没了兴趣，甚至有些拒绝他的乏味的浪漫。为此，我心里有了不少的怨言，总觉得生活没有意思。心中的不满，让我总想找机会发泄，没事就喜欢跟他吵，还担心他有外遇。

难道婚后的男人都这样吗？要知道，在我们恋爱的时候，他不是这样子啊。当年，他是一个懂得浪漫、愿意为我花时间的男孩。为了追我，他会想办法逗我开心，哄我高兴，和他在一起很快乐。为了一个生日，他会准备一个星期，敢在众人面前大声说我爱你。而现在，那个他已经不存在了……

是啊，这个妻子的遭遇是很多女人的体会。婚后女人们常对闺蜜说，男人婚前和婚后完全是两个样子，他们在婚前太会伪装自己了。可能，在他追你的时候，他有着用不完的精力，使不完的浪漫招数，说不完的情话。你那时感受到了他的激情，享受了多姿多彩的爱情，你觉得他是那么的完美。

然而到了婚后，他就原形毕露了。原来，他并不勤快，也懒得再跟你浪漫了。情调没了，幽默感也没了，有时候两天说不上一句话，一旦说话便吵架，剩下的时间就对着电视消磨时间。而在各种节日到来时（如情人节，结婚纪念日），她们盼望着能得到男人的一份惊喜，可每次都失望。不是忘记了，就是没了往日的那份激情，或者重复着昨日的浪漫，仅仅是买个礼物送个花什么的，一点新意都没有。

结婚后男人不再浪漫是有很多原因，要么是他真的很忙碌，把大部分的时间都用在事业和各种烦琐的事情上，没了精力花时间对女人浪漫，只会给女人物质上的满足；要么生活平淡了，少了恋爱时的那种激情，认为女人已经是自己的老婆了，用不着围着她团团转了；要么他本来就不是善于浪漫的人，婚前只是做样子给你看的。等他成为你的老公后，你才发现他根本就没几个浪漫细胞，一点情调都没有。

还有一种可能，男人所有浪漫的心思、点子都在婚前消耗尽了，现在可以说已经黔驴技穷了。可能男人还重复着昨天的浪漫，但由于每次都是如此，女人对这些浪漫失去了新鲜感，或者视而不见，才对男人不断抱怨。

其实，对男人而言，浪漫不过是追求女人和调情的手段，他们骨子里对浪漫这种东西并不是很在乎。在他们眼中，比浪漫更重要的是事业和财富。当女人追到手，当她变成自己的老婆，男人的那份积极就没了，把生活的平淡认为理所当然。

然而对女人而言，浪漫却是不可缺少的生活必需品，浪漫就像菜肴里的调料，少放或者不放，都会使这道菜不那么好吃。因为女人是情感动物，她们需要男人的陪伴，需要男人的关注，需要男人的热情，需要男人给予自己的浪漫。否则，她们就会感到生活的无趣、寂寞、孤独。

男人要记住，女人是需要男人呵护的花朵，浪漫就是花儿盛开所需的养料和水分，如果你疏于浇灌和施肥，再美丽的花也会枯萎和凋零。而且，婚姻不应该成为爱情的坟墓，恋爱时的那种认真、浪漫、激情不能停止。

所以，作为一个爱女人、爱家庭的好男人，无论你有多么讨厌浪漫、不善于浪漫，无论你有多少事业需要忙碌，都应该“浪费”点时间和精力给予女人浪漫的生活。你给予女人浪漫，

她就会给予你更多的支持和理解，把最美丽和温柔的一面展现给你。

知识衔接

如何保持你的浪漫不让女人厌烦

我在前面已经讲了，很多男人是不善于浪漫的；有些男人虽然也在浪漫，却不懂得变化花样，由于每次都是老样子，女人就会厌烦。就像天天给你看同样一部的电影，你不吐血才怪，浪漫也是如此。在浪漫上男人必须花点心思，动点脑筋才行，比如要变化浪漫的花样，还要有特点，有新鲜感等。下面为你介绍三点：

1. 你的浪漫要经常变化点花样。

每个女人都希望男人能给予自己意想不到的惊喜，如果你每次的浪漫都一模一样，每次她都能猜到，甚至熟悉的不能再熟悉，像那些雷同的言情剧桥段般让人呕吐，这时，女人就会对你的浪漫失去兴趣，认为你根本就没把她放在心上，只是随便应付了事。对此，你可以多花点心思变化点花样，让女人每次都有新鲜感，而且，你也能从中获得快乐和激情。

2. 你的浪漫要与时俱进。

在 80 年代，大部分青年都爱文艺，正如韩寒说：“在那个年代，如果能写点小诗，弹点小吉他，摘些小花，女生们都被迷倒了。”而现在，没几个城市女人会对这样的浪漫感兴趣。时代是不断前进的，我们的生活习惯、审美标准、兴趣爱好都在发生着改变，浪漫也必须与时俱进。用过去的“浪漫手段”你难以追到现在的小姑娘。浪漫也是如此，必须符合时代的潮流，必须与时俱进。因此，你应该知道现在的女孩喜欢什么样的浪漫，看看周围的男人都是怎么浪漫的，然后投其所好，让女人开心。

3. 让你的浪漫与众不同。

有的男人懂得让自己的浪漫变化花样，也与时俱进，但他会的浪漫，别的男人也会，根本没有自己的特点。其实，很多男人的浪漫方式都是学来的，或书上，或电视上，有的则是从朋友那里“山寨”过来的。女人见识多了，就对这些千篇一律的浪漫方式没了兴趣，还觉得你做的很假。这时，不如想一些与众不同的浪漫点子，并赋予自己特色，或者根据女人的性格、爱好等，来确定自己的浪漫方式。

让“吵架”成为幸福婚姻的调料

我们总是羡慕那些恩爱和睦的家庭，羡慕他们一辈子没吵过架，没红过脸，没生过气……如此的模范夫妻虽好，我却总

觉得他们的生活缺少点什么。就像一个道德无比高尚的人，你会怀疑是否真的没有瑕疵。婚姻也是如此，那些模范夫妻，你会怀疑他们的生活过得是否有趣、幸福，是不是有我们不知道的秘密。

曾经听一个女孩讲过她爸妈的故事。她叫玲玲，出生在一个高级知识分子家庭。她爸妈都是大学老师，两人结婚有二十余年了。在外人看来，他们从恋爱、结婚、生子都顺顺利利的，没吵过架，没闹过矛盾。很多人都羡慕他们，那时玲玲也觉得自己生活在一个幸福的家庭里。

玲玲的妈妈是个贤惠的女人，孝敬公婆，体贴老公，细心照顾家庭，还很讲原则，知书达理，从来不批评爸爸，也不跟他怄气。要知道，她的爸爸是一个爱耍点小脾气的人，平常爱跟人争论。在学校里，他批评过学生，与领导吵过架；在一些场合，还常常就某些问题和观点争论的面红耳赤。

但到了家里，面对那么好的妻子，爸爸根本没地方发脾气。不过，生活里总会有些矛盾产生，有些事情也会让爸爸感到生气。有时爸爸因为某事想跟妻子吵架时，妈妈就躲开他，不跟他吵，不跟他争论，也不记仇，跟一切没发生一样。所以，在外人看来，他们的婚姻是那么的和谐幸福。

然而有一天，50 岁的爸爸却偷偷跟一个酒吧认识的女人玩起了暧昧，这几乎让所有的人都震惊了，妈妈知道后更是伤心欲绝，甚至有了离婚的念头。后来爸爸认错，保证不会再犯错，再加上玲玲的努力，妈妈才原谅了爸爸。

玲玲后来才知道，爸爸之所以去酒吧，并和那里面的女人玩暧昧，是他觉得自己这些年的生活太平静了，他需要寻找一些刺激。爸爸对玲玲说："虽然我与你妈妈这辈子没发生过矛盾，但我总觉得活得很没意思。如果你妈妈平常也能发发脾气，能和我拌拌嘴该多好。"

男人也会喜欢有点个性的女人，盼望着女人跟自己闹一闹，发发小脾气，要要小性子。静若死水会让女人失去对生活的激情，让两个人的感情逐渐变淡。

当然，过犹不及，小吵让家庭生活充满乐趣，大吵却让婚姻变得很糟糕，还影响孩子的成长。那些没事找事、爱唠叨、多疑敏感、遇到点小事就歇斯底里地争吵和冷战的女人，男人是不喜欢的。

可以说，吵架也是门艺术和科学，里面有很多的门道。有的夫妻你见他们经常拌嘴，感情却很恩爱。有的夫妻很少吵架，一旦吵起来，就很难收场。最后不是女方赌气不回家，就是男人动用家庭暴力。只有掌握了夫妻吵架的原则，吵架才能促进家庭的和睦，反之吵架就是家庭语言暴力。

其实，生活中总会有矛盾产生，吵架是难以避免的，靠容忍和退让伪装的幸福总有崩溃的一天。当矛盾和不愉快来临的时候，吵架是对心情的发泄，是真性情的表现；将其长期压抑在心里并不好。只要双方在理性的态度下，采取相应的沟通方式，多点了解和谦让，不记仇，不钻牛角尖，不无理取闹，吵架没有什么不可以。

因此，无论男人和女人都应该学点吵架的艺术，“浪费”点时间和精力，给自己完美的婚姻生活搞点小插曲，让吵架变成婚姻生活的调料，让日子越过越有味道。

知识衔接

吵架没有技巧是不行的

“会”吵架的夫妻（即知道吵架的原则的人），两人之间的感情会愈来愈好，不会吵架的人只会把战火扩大。对此，我们建议夫妻在吵架时应注意如下几点。

1. 不要抓着陈年旧事不放。

有的夫妻争吵时，喜欢翻旧账，拿陈芝麻烂谷子说事儿，历数对方的“不是”和“罪过”，指责对方，或证明自己正确。这种方式是不恰当的，夫妻之间的旧账很难说得清。如果双方拿着过去的事情不放，不但无助于解决眼下的矛盾，而且还容易把问题复杂化，新账旧账纠缠在一起，越来越难以解决。夫妻争吵最好就事论事，不前挂后连，如此处理问题，才容易化解眼前的矛盾。

2. 不要把战火波及到无关的人。

有时候，夫妻吵着吵着就说到了对方的父母或是朋友，还带着批评和辱骂。如，你父母从来都不管咱们的死活，就知道自己享福；你那些狐朋狗友整天来咱们家混吃混喝，没几个好东西；你那些同学都是穷鬼，除了借钱没别的事儿……

对此，专家指出，在吵架过程中，夫妻双方不能把对方的家人、朋友以及同事、老板牵扯进来，更不能辱骂对方的亲人和朋友。应该就事论事，不伤及无辜，避免战场扩大。你那样做，会让对方很没面子，也会伤害他的感情。同时，让对方的亲戚朋友知道了，你们夫妻间的矛盾就会变成大家的矛盾，到时解决起来就麻烦了。

3. 不要揭短，伤及对方的自尊。

两个人朝夕相处，必然很清楚对方的缺陷。比如，男方存在生理缺陷，身材矮小，没有生育能力。一旦发生争吵，当自己理屈词穷、处于不利态势时，妻子就可能把矛头对准对方的短处，挖苦揭短。还比如，妻子身材不苗条，长的也不漂亮，丈夫就整天挖苦她身材像猪一样，让本来就自卑的妻子变得更自卑。

我们常说“打人莫打脸，骂人不揭短”，人们最讨厌别人恶意揭自己的短处了，使自己很没面子，受人嘲笑。揭短有时会激怒对方，扩大矛盾，伤及夫妻感情。所以，在吵架时，应在尊重对方的前提下进行。

4. 吵架要文明，说话不带脏字。

夫妻在吵架的时候，双方可能会高声叫嚷，摔东西，发发小脾气，但是绝不能骂人，更不能带脏字。骂人是伤感情的，一旦骂了对方，就等于你已经不再尊重对方，等你清醒时再道歉就没那么容易了。

5. 不要当着外人的面吵架。

有的夫妻为了让局外人认同自己是正确的，希望别人会支持自己，就当着外人的面和丈夫或老婆大吵大闹。在外人前控诉配偶的做法对夫妻之间的感情破坏性极大，本来能解决的矛盾，让外人知道了，解决起来就麻烦了。

再说，你家的矛盾别人是不好意思插手的，一旦插手矛盾就会扩大化。而且当着别人的面吵架，一方面显得你很没素质，让别人看笑话，看热闹；另一方面，你的做法让老公或老婆很没面子，抵触情绪变得强烈。

6. 不要试图做一个胜利者。

夫妻吵架，无论到最后谁赢了，双方都是失败者，并不能从吵架中得到什么便宜，也难以让对方心服口服；相反，吵架会使你们更加痛恨对方。因此，吵架时千万别争当胜利者，必须适可而止，不能得理不饶人，应懂得退让和宽容。

7. 找个机会直言和解。

聪明的夫妻不会把吵架演变成长期的冷战，他们只会把吵架当成生活的小插曲。争吵之后，他们会寻找机会和解。比如，你可以这样说：“好了，过去的事就叫它过去吧，不要再赌气了。”也可以装作把所有的不愉快都忘掉了，像什么事也没有发生似的，主动与对方说话，对方也不是铁板一块，一定会接受和解的。

第十章 “浪费”是一种现代管理方式

在传统管理思维中，我们一提到浪费，就认为是十分负面的东西，必须纠正的错误。在某些人眼里，“浪费”仿佛是一个十恶不赦的“坏蛋”，吞噬了本来可以到手的利润。不过，在经营管理中，并非所有的“浪费”都是负面的。有一些“浪费”的理念，很值得管理者学习。

比如舍得花钱大投入，愿意“浪费”钱给员工提供好的工作环境，在年终奖方面慷慨大方，等等。舍得花钱的人才有机会赚大钱。为员工花钱，虽然让你破费了点钱，却为你赢得了一个好的形象，更会获得一批忠诚、热情的员工。

舍得大投入，才有机会赚大钱

2010年末，导演姜文的《让子弹飞》上映后，受到了国内观众的热捧，当年以每日千万的票房吸金速度，突破了7亿票房的大关，成为中国电影史上最卖座的电影之一；而导演姜文，也成为了最有霸气的导演。

要知道，姜文十几年只拍了 4 部电影，其中 2 部都是赔钱的电影，《太阳照常升起》区区 3000 万而已，与“子弹”的 7 个亿简直是老鼠和大象的差别。为什么会如此悬殊？原因很简单，《让子弹飞》是一部大投资、大明星、大制作的商业电影，再加上他高超的艺术水准，好看刺激的剧情，漫天的媒体宣传，这样的电影不火都难。

虽然大投资、大制作的商业大片未必都能取得高票房，但是，没有大投资、大制作的的商业模式，一部投资百万的片子，要想突破上亿票房，还真的很难。

这时有人会站起来说《阳光灿烂的日子》《疯狂的石头》都是以小博大的票房黑马，只要故事好，照样有票房。是的，姜文的第一部电影算不上大投资，却取得了当年的票房冠军；宁浩投资几百万的片子取得了千万的票房。但就大部分小投资的电影而言，很难有这么好的票房。你去统计一下就知道了，全国电影票房上百亿，拍摄电影上百部，真正赚钱并进入我们视野的其实不到 10%，很多电影就十几万的票房。

小电影就是小电影，注定了它的市场不会太大，要想获得市场上的成功，必须舍得花钱，比如请好的导演、演员、编剧，请一流的制作团队。为了追求完美的视觉效果，有的电影还必须斥资亿元打造场景。

美国的好莱坞大片都遵守了这个模式，如果没有巨额的投资用于大片拍摄，《阿凡达》等电影，故事再好，艺术水准再高，都会是票房炮灰。舍得花钱，才能有机会赚大钱。在2000年前，中国电影还是一个以艺术和故事为主的市场。这样的电影市场，虽然产出了很多优秀的作品，但在票房上，根本无法与西方的商业大片抗衡。

在中国最早醒悟的是张伟平和张艺谋，从《英雄》开始，中国进入了电影的大片时代，两人功不可没。不论张艺谋的商业大片拍得如何，他们的投资、大制作的模式，都将是电影史的转折点，让中国电影票房过亿成为了可能。

当然，你投资再大，制作水平再高，如果没有大范围的宣传，别人都不知道、不了解你的电影，想取得高票房也是很难的。你会发现，在大片上映前，各种的宣传铺天盖地，不想知道它们都难。当一部电影被大家熟知并热议，人们掏钱进电影院的机会就会增加，你不看会觉得自己落伍；即便骂声一片，你都想到电影院看看究竟是怎么烂的。

宣传是需要花钱的，你宣传的力度跟票房有着很大关系。据了解，《让子弹飞》的制作成本有1个多亿人民币，光花在宣传上的费用就5000多万，这足足是一个中等大片的票房，几百部小电影的票房总和。他们在央视、卫视和地面频道投放了15秒、30秒的广告，仅路牌硬广一项，就投入了700万元，覆盖了北京四环内1500块路牌。没有这么大的宣传力度，创造7亿票房是很难的。

《让子弹飞》的成功也得到了同行的认可。有人表示，《让子弹飞》所采取的高投入、大覆盖、高密度的硬广策略值得学习。除了符号学的导演，如张艺谋、冯小刚等，那些实力派导演，要想获得高票房，宣传是不可少的方式。华谊兄弟王中磊表示也会像《让子弹飞》那样，做高投入的营销。他说："去年有《让子弹飞》的高投入营销，有一些电影以新奇点去营销，对于华谊来说，今年的这些电影会用更多的营销方式，有的也会采取高投入的营销方法。"

大电影如此，小电影更别说了。很多小电影，由于缺乏宣传经费，很难让大众知道，进电影院去看的人自然就少。有时电影都下线了，大众还不知道电影的名字是什么。然而，有的文艺片电影导演就很聪明，他们把小制作的电影像大片一样去宣传，让更多的人们去了解、讨论电影，使之成为热门话题。李玉的《观音山》就是一个例子。

不仅是电影，很多事情都是如此，比如出版商打造一本畅销书，大部分是依靠强大的宣传火起来的，据说有的书光推广就花了百万。很多作品写得很好，销量却一般，跟出版方是否愿意大力宣传有一定的关系。依靠宣传，一些畅销书没上市或刚上市就热卖了。就算你是名人，如果没人知道你写书了，你的书想马上火也不那么容易。

可见，大投入是一种获得大收益的营销战略。其实，这在经济学上就是投入与产出的关系。你投入的多，收益的幅度就增大；投入的越少，获得收益的幅度就小。你和朋友一起合资开公司，公司发展很好，你入股10万，肯定没他入股100万获得的收益高。在炒股和买彩票方面也是如此，小散户的股票涨了，再赚都是小钱；大股东的股票涨了，利润有时就是上亿。为何巴菲特的收益那么高，与这有一定的关系。

在企业管理中，更要坚持这种理念。想赚大钱，就不要天天守着你的小作坊，那样，你最多是个百万富翁。企业的盘子大了，你才有可能打造一流的企业，赚上亿的资产。如果国美和苏宁当初只守着自己的一家小店，也就不会有今天的成绩。要想让企业快速地发展，就要舍得增加投入，扩大规模，购买先进设备，革新技术，高薪聘请优秀的管理人才，还有拥有更为开阔的投资策略。

听说同行说过这样一个故事：

有两个小有名气的诗人过去很穷，没有工作，写的诗也没赚多少稿费，穷得叮当响。在出版界朋友的建议下，他们借钱，注册10万元成立了一家图书工作室，从事图书策划工作，发展还不错。那一年，他们两人赚了30多万元。到第二年，A君觉得开工作室赚不了大钱，还经常被书商拖欠稿费，他不想一辈子就做个工作室老板，他继续增加投入，决定开一家图书公司，从制作到发行都做。

B君却不愿意，开图书公司需要很大的一笔投入，弄不好血本无归，还可能欠一屁股债。他很满足于目前的一切，一年有个十几二十万元的收入，也没有太多的压力，为何要冒险开公司呢！就这样，两人分道扬镳，A君离开了工作室。

B君继续经营着他们的小工作室，A君则筹集200万，与几个出版界的朋友，开了一家图书公司，雄心勃勃地创业了。5年后，B君还在做小小的工作室，一年有个不到30万元的收入；而A君的公司已经是销售码洋过亿的大公司了。

当然，我在这里谈了大投入的种种好处，但并不建议所有的事情都这么去做。你必须有科学的分析和判断，如果为了赚大钱，盲目进行扩大投入，你真有可能赔了媳妇又折兵。比如为了发财梦，借很多钱买股票和彩票，幻想一夜暴富；或是不顾企业的实力，盲目扩大生产、兼并扩张等，这些都是不理性的做法。

对员工的投资与回报成正比

作为一个聪明的老板或企业的管理者，要有开阔的胸怀，不能对员工太过于抠门和苛刻，有时对员工大方点、慷慨点，哪怕只是小恩小惠，员工都会觉得你很有人性，对你充满好感，公司或老板的形象就高大起来。在这种情况下，员工的工作积极性被调动起来，甘心情愿为你卖命。你“浪费”了一点的支出，得到了更大的效益。

据媒体报道，谷歌公司的薪水待遇未必是最高的，但他们的工作环境却是一流的，很舍得花钱。美国财富周刊发布了2007年最佳工作场所Top100排行榜，Google名列榜首。Google在办公室里为员工提供免费的美食、瑜珈课程、健身房、游戏机以及各种各样丰富多彩的娱乐活动。每人还配备两台高性能的电脑。

渴了有丰富的饮料，百种饮料供你选择；饿了有美味的高档餐厅，什么口味的菜肴都有，永远吃不腻；累了，可以到健身房去锻炼自己，舒缓压力和情绪。而且你晚上加班晚了，还有休息的地方。他们甚至可以根据自己的爱好装饰自己的办公桌。公司从来不觉得这样很浪费钱，做这些还特别积极。

谷歌高级产品行销经理戈皮·卡拉伊尔在一次电话采访中证实了这点。他说："我的一日三餐都在公司解决，接下来是健身中心，24小时开放的健身房，还有瑜伽课。在谷歌，我还听过演讲，享受过医疗服务，咨询过营养师，用过干衣机和按摩服务。"

这样的工作环境简直是天堂，让微软、百度等行业大佬都感到惭愧。一些人还会质疑，如此奢华的工作环境，有必要吗？我觉得有必要，谷歌之所以会成为全球最大的搜索网络公司，从一个不起眼的小公司，在那么短的时间内称霸全球，进而挑战微软的地位，与他们的工作环境有一定的关系。

可以说，这是谷歌的另一种管理模式。有些专家甚至指出，谷歌这样做是有商业目的的，他们并不是慈善家，所做的一切都是为了企业的利益考虑，“浪费”一点小钱改善环境，却赢得一批卖力、热情、忠诚、高效工作的员工。

沃顿人力资源中心主任、管理学教授彼得·卡普利还一针见血地指出：“这些福利可以吸引那些愿意把绝大多数时间花在工作上的人才。”

是啊，你的很多事情都可以在公司里完成，你不用花时间去外边就餐，到很远的地方健身，连睡觉都可以在公司里进行。这样你就节省了大量的时间可以花在你的工作上，专心做自己的工作。而且你对公司很满意，没有抱怨，没有抵触情绪，你工作愉快且有激情。这使得那些优秀的员工不会轻易离开这里，良好的工作环境成为谷歌留住人才的法宝。

同时，这还是谷歌的品牌战略，通过这种方式，他们向世人展示了他们的优越的工作环境和健康的企业形象，为他们开拓市场赢得了声誉。而且，如此优越的工作环境，还吸引了大量的人才来加入这个大家庭。

所以说，对员工大方、慷慨是聪明老板才干的事情。

不能对年终奖太吝啬

小时候，孩子们都特别喜欢过年，除了有好吃的和漂亮的

衣服，最让人兴奋的是能得到大人们的压岁钱。很多时候，你不会在乎钱的多少，也不在乎能买多少东西，在乎的只是获得压岁钱的这种形式。如果哪年得不到，或是大人们给的很不情愿，孩子就会觉得特别委屈，整个年都高兴不起来，还会跟大人闹情绪。

孩子喜欢压岁钱，职场中的我们则喜欢公司给予的年终奖。当然，我们希望年终奖越多越好。得到了，我们会无比地开心；得不到，一切的抱怨就来了。在这方面，有的公司很大方，每到年底，不仅有红包，还发各种的礼品、奖品，有的老板请大家好吃一顿。更有甚者，公司拿出上千万买豪车，让大家抽奖，谁抽到就是谁的。

然而，有的公司和老板则显得很抠门，别说拿出几百万抽奖，连年终奖都不舍得给你。他们觉得公司是自己的，你们都是给我打工的，我已经付给你们薪水，干吗还浪费钱给你们发年终奖？他不想把自己赚到的利润与员工分享。

其实，年终奖不仅是一种物质的奖励，让员工也能分享企业创造的财富，更多的时候是对员工精神上的鼓励和肯定。就像孩子做了好事，总想得到表扬，员工劳累了一年，也希望公司和老板能有所奖励，哪怕把这些钱用来吃喝玩乐，他们都乐意。

年终奖还是对员工劳动的一种尊重。中华英才公司总裁张杰贤在接受采访时说："年终奖企业必须要发的，即使它并没有特别的作用，但体现了公司对员工一年来工作的尊重，对提升公司的整体形象和声誉还是有不小帮助的。”

所以，很多没有年终奖的公司，年后的跳槽率都很严重。据媒体报道，2003 年 12 月，京城颇有名气的某电脑公司售后服务部 40 名骨干员工集体跳槽，通过调查，发现他们是不满公司没有年终奖才跳槽。而为了留住人才，曾亏损已经超过 250 亿英镑的英国苏格兰皇家银行的老板史蒂芬·赫斯特表示，他必须发年终奖，否则他无法阻止手下的银行专家跳槽到对手银行。

有了年终奖，员工在跳槽时就会多些犹豫。有的公司薪水不高，但年终奖丰厚，从长远利益看，在这里工作，比那些薪水虽然很好，福利很差的公司划算。还有的人想跳槽，但想到必须放弃几万元的年终奖，就变得谨慎了。

前面我曾提到我的一位工作狂同事，他的薪水和我们差不多，很低，就一千多元，只要跳槽肯定能找到比这薪水高的工作，但他却一直跟着老板干，不介意那些可怜的工资。其实他很聪明，因为他的年终奖足足是其他同事一年的薪水。在这种情况下，他还会轻易跳槽吗？

综上所述，老板们应该舍得在“浪费”点钱在年终奖上，一方面树立企业或老板良好的形象，让员工觉得你是大方的，愿意分享自己的利益；另一方面，激励你的员工更有激情和动力，跟着你卖命，还能防止优秀人才的流失。

“浪费”点时间记住员工的名字

我们都有这样的印象，在学校里，有的老师教了我们三四年，竟然没记住几个学生的名字，他只会拿着点名册让人回答问题。对于这样的老师，无论他的课有多么精彩，我们心中都会有一种距离感、陌生感。在你眼里，他只是一个高高在上的老师。

有的老师则能记住每个学生的名字。他不用点名册，不会用手指向你，也不会用“那位同学”来代替你的名字，他能熟悉地喊出你的名字。对于这样的老师，我们会觉得很亲切，更愿意听他讲课。

这种现象在公司里同样存在。那些高高在上的领导，你十分熟悉他，他的爱好、他的家庭、他的八卦、他的绯闻……你如数家珍，然而你这么熟悉他，领导们却连你的名字都不知道，甚至连一个微笑和对话都没有过。很多时候，在电梯、走廊里，你小心翼翼地说声“XX总好”，他只会机械地点点头，然后表情严肃地继续看着前方。他那高高在上的距离感，会让你自卑地觉得自己就是一个默默无闻的小员工。

领导们有自己的理由，他们认为公司这么大，几百上千号人，何况自己要做的事情那么多，有必要知道他们是谁吗？那样只会浪费宝贵的时间和精力。他们还说，大公司有现代化的管理体制，高层领导只需知道各个部门的负责人是谁就行，无需熟悉每个员工。

不过，有的大公司的老总却愿意“浪费”这点时间，他们知道大部分员工的名字，甚至还能回忆起这些员工的一些细节。有一位知名CEO曾说，他亲自面试过3000个员工，每一个被录用的，他都会记住他们的名字，连他们的生日是哪天都知道。

这样的老板具有亲和力，很受员工的爱戴。他们没有老板的架子，会平等对待每一个员工。在他眼中，公司就是一个大家庭，每个人都是亲密的伙伴。比如李开复，无论在谷歌中国，还是自己的创新工厂，他对员工就像他熟悉自己的朋友一样，有时还会请员工到自己家玩，给他们做“李妈妈牛肉面”等。

而且，记得一个员工的名字，并表现出你的亲切感，还能激励他发奋图强呢，让他觉得自己被老板关注了，哪怕只是错觉，也能给他很大的热情！一个职业经理人曾在采访中讲过一段故事。

他说自己年轻的时候，在一家外企上班，很努力，却一直没有得到重用，干了两年还是一个小职员，除了自己部门的同事，知道他名字的人很少。他有了跳槽的想法，想找一个新的平台证明自己。

然而，公司总裁不经意间的一句话改变了他的职场生涯。那天，他准备找部门经理递交辞职，在电梯里，他遇到了总裁。他还是他第一次与公司最高领导如此近距离，他小心翼翼地说了声“王总早上好”。他原以为总裁只会严肃地点点头，看都不会看他一眼。令他没有想到的是，总裁却看着他笑了笑说：“你好啊，陈XX!”

他有些受宠若惊，一时结巴，竟然不知道说什么好，只是在那里傻笑。电梯门开了，总裁拍拍他的肩膀说：“小伙子很有朝气，好好干!”

接着，总裁向他摆摆手，大步流星地朝自己的办公室走去，留下他一个人站在那里发呆。他自言自语地说：“总裁怎么会知道我的名字，他在关注自己吗?”要知道，在这公司几年来，还没哪个高级领导能叫出他的名字，也没有哪个高层领导这么鼓励过他。他有点兴奋，又有点感动。

在那一刻，他放弃了辞职的念头，回到自己的办公桌继续自己的工作，像一切都没发生一样。不同的是，他比以前更有激情、更有目标了，他觉得总裁的那一双眼睛在看着自己。他准备要用自己的能力证明给总裁看，更要证明给所有的人看。

半年后，他竟然成为该部门的小领导，然后做了部门经理，两年后进入了高层，并和总裁成为了好朋友。有一天在酒桌上，他聊起那次电梯的相遇，感慨说总裁当年的两句话改变一个小员工的命运。

其实，他并不知道，总裁只是在一次大会上记住他的名字而已。那天见到他后，就随口说出来了，并没有特别关注他，他对很多员工都是如此的。但小小的举动，却在一个小员工的心中掀起了巨大的波澜，给了他莫大的鼓舞。

所以，那些高高在上的老板们，应该“浪费”点时间记住你的员工的名字。这小小的细节，一方面能塑造你的亲和力，让员工爱戴和喜欢，拉近与他们的距离；另一方面，你让员工意识到“他在你心中的存在”，给他一种你在关注他的错觉，这是一种无形的激励。从那以后，他不再把自己当成小小的打工仔，而是以企业主人公的热情去工作。

后记：写给母亲的一篇文章

这是多年前我写下的一篇文章，已经在“文件夹”里沉睡了很久，今又修改了一下，希望借此献给我的父亲母亲，以了却我多年的心愿。

其实，母亲也给了我创作这本书的灵感。当我决定要写这本书的时候，首先想到的是“不要等苹果烂了才吃”这句话，它一直萦绕在我的脑海中，促使我下定决心完成这本书。可以说这句话是这本书的灵魂，我还曾想过以此作为书名，而在这篇文章中，我就写到了我的母亲，写到了我的亲人们。

与很多上辈的很多父母一样，他们苦过，劳累过，节省过，节约成为他们的习惯。苹果不烂他们不舍得吃，有些食品总是等到快过期了才想起吃它们，破旧的家具总是将就着用……虽然节省，却也浪费，更有害健康。在这里，我想告诉他们，生活需要“浪费”一点点，希望在以后的生活里，他们能够多享受一下当下的生活，吃好，穿好，心情好！

同时祝愿天下所有的父母开开心心每一天！

《打给母亲的电话》

2008年的春天，北京的天空很蓝，阳光明媚。我刚买了一部新手机，才想起很久没和家里联系了。出来的时候母亲一再叮嘱，要常给家里打个电话，别让家人惦记。父亲却说，没什么事打什么电话啊，浪费电话费，偶尔打次就可以了。于是母亲便在背后唠叨父亲，又继续她的叮咛，一遍又一边地，不厌其烦。

电话拨了过去，一秒又一秒地响着，我以为父亲很忙，才没接电话（因为是父亲的手机）。许久，电话通了，竟是母亲的声音，想必刚才她正在厨房做饭，听到电话后便匆匆跑过来接了父亲的手机。

“喂……”电话那头传来母亲的声音。漂泊在异地他乡，母亲的声音却是如此地熟悉，当她知道是我打来的电话的时候，似乎不敢相信，话语变得哽咽起来，或许是因为她终于听到了儿子的声音，有些激动，突然感觉自己的眼睛里酸酸的。

我知道母亲真的很想听听儿子的声音，因为每次往家里打电话，都是父亲接的，自从家里的电话坏了后，我每次往家里只能打到他的手机上。所以我很少有机会和妈妈讲话，即便有时候，她就在父亲的身边，我也只能从电话里隐约听见母亲在父亲身边附和的声音，听她时不时提醒父亲问我在北京怎么样、要好好照顾自己的话，直到父亲要挂电话的时候，她还在那里叮嘱着。也许她真的很想和我说说话，只是她怕浪费儿子的电话费，把所有的时间都让给了父亲。

她问我怎么这么久才打来电话啊，我说刚刚买的手机，长途太贵，没敢打（那时我有一份月薪不足千元的工作，刚买了手机和电脑，日子过得有些寒酸）。母亲又在那里凝噎起来，有种要哭的感觉。她说："你可以告诉我们号码，让我们打给你啊！"

我一时不知道该说什么，长久以来我们一直重复所谓的叛逆，想逃离父母的身边，埋怨他们的约束和种种的不是，总想到一个见不到他们的地方过自己自由的生活。但真的有一天离开了他们，一个人在外边独自生活的时候，自己才发现他们是多么地爱我们，关心着我们，挂念着我们。

母亲说家里的麦子已经收完了，只是还在路面上晒着，父亲一个人在大路上照看，所以没在家，也换了手机。母亲担心父亲，每次父亲出远门她都担心。记得一次过年的时候，父亲到别人家串门，玩到很晚也没回家，也没往家里打电话。那个时候他还没有手机，于是母亲就满大街地找他。

虽然，过了很长时间父亲才回到家，但母亲还是哭了，她说："至少也应该往家里打个电话啊，不知道家里很担心你吗！"我明白了母亲计较我这么久不打电话的原因，因为她担心，因为她牵挂。在一个女人的世界里，家人和孩子是她的全部，他们的平安才是最大的安慰。可能作为一个平凡的母亲没有太多的理想和追求，她不懂这些东西，但对于家和孩子的爱，却是那么真切、朴实，更是高贵的、伟大的。我相信我的母亲也是伟大的！

很小的时候，就想写写自己的母亲，虽然在学生的作文里常常会出现母亲的形象，但往往没有真实的情感，有的甚至是虚构和编造的，因为你仅仅只是为了交作业，或是完成任务。我那时总是以为自己的母亲是平凡的，她没有太多的故事可以描述，不知道该如何去描写自己的母亲。

随着渐渐地长大，我才开始慢慢懂得一些事情，并理解和认识了母爱的价值。更让我明白，在每个孩子的心里，她的母亲都应该是伟大的，无论她是平凡还是高贵，无论贫穷还是富有，因为对于孩子的爱，任何母亲的付出都是一样的。她可能平凡，可能没有太多的文化，可是她会把自己最真诚的爱给予子女。

我的母亲和父亲都没上过大学，都是高中毕业。他们的青春都是在乡下和生产队里度过的。后来家里说媒，订婚，结婚，再后来便有了我们，一切都顺理成章，一切都那么平平淡淡地走来。

生活就是这样的，在农村，也许很多的父母没有过爱情，也不知道爱情是什么概念，但对于家，对于孩子，他们比现代的年轻人更有责任感。也许，对于婚姻而言，爱情是奢侈的。在他们看来，更多的是对家庭、对孩子、对上辈的责任和付出。一个只有爱情而忘记责任和孝道的婚姻注定是失败的婚姻。

所以，在我看来，母爱的伟大不在于她有多么漂亮，而在于她对家庭、对孩子的责任。生活在农村里的母亲是平凡的，但她对孩子的爱，相对于大都市的母亲，毫不逊色，因为母爱永远都是高贵的！

确实如此，我的母亲是伟大的，她把自己所有的一切都献给了这个家庭。与很多这个年代的农村妇女一样，年轻的时候，她为了家庭的负担日夜操劳；但日子渐渐好起来的时候，却发现自己已经渐渐地老去。她们总是为生活所累，却不知道如何能好好地享受生活，她们总是说："习惯了！"

小时候当看到别的孩子都亲切地叫"妈妈"的时候，我和哥哥姐姐却叫着"娘"，那时候我天真地问父亲，为什么别人家的孩子都叫爸爸妈妈，而我们却叫爹娘呢？是不是他们家有钱而我们家没钱呢？父亲笑了笑，没有回答我的问题。那个时候我开始羡慕起那些孩子，觉得他们至少比我幸福，比我有面子，比我时髦，因为他们可以像电视里那样喊"爸爸妈妈"。我当时很神往那种感觉，并开始埋怨起父母为什么不让我们喊"爸爸妈妈"，而是喊着5000年前就在叫的称呼。

后来到县里上中学，当同学和朋友讨论自己的父母时，他们总是亲切地叫着"爸爸妈妈"，而我总是回避这样的话题，不愿让他们知道我的秘密。我看到一些人明明喊父母"爹娘"

的人，却在别人面前别扭地喊着“爸”和“妈”。我也理解过他们，那个年纪的孩子都有一种强烈的自尊，因为他们怕别人的奇怪的目光和嘲笑的声音。相对于他们，我未必有多么高尚，我承认自己的虚伪，我不能坦诚面对，也没勇气。

随着自己渐渐长大，才明白，对于称呼而言其实都是一样的，不论叫什么，他们都是你尊敬的亲人。对于父母，重要的不是对他们什么称谓，而是在我们心中，我们对他们的爱有多么的深，是否真实。称呼没有贵贱，既然父母给予了你这样的称呼，你应该接受，并坦然面对，因为这样才是对父母最大的尊重。

母亲是最能忍耐、不会把抱怨挂在嘴边的人，一直到现在母亲都没有得到应该得到的房子和应该属于她的一切。父母结婚的时候，把原本属于他们的房子让给了爷爷奶奶住，而他们却搬到了一间老房子里。房子大半是土坯建成的，房顶上长满了瓦松（他们用如今的话说就是“蜗居”和“裸婚”）。这一住就是 20 年，期间父亲说要盖新房，但那个愿望后来成了奢望。在父亲做生意被骗了以后，盖房子的事情就搁浅了。

因为孩子渐渐长大，上学结婚渐渐成为了沉重的负担，而且家境已经不如往日，盖一座新房子并不是那么容易。可以说，父母前半辈子养育儿女心力交瘁，下半辈子还要为儿女操劳，他们一生都在为儿女忙碌。但母亲从来没有埋怨过，结婚 30 年，没有得到属于自己的新房。要知道，房子对女人的重要性，是一种尊重，更是一种依靠和寄托。至少母亲没有得到这一切基本的东西。

后来家里盖了新房，不过是哥哥结婚用的新房，那间房子因为院子纠纷而成了别人的，后来就被拆了。后来，我们一家人住在一间别人丢弃的房子里，房子没有门，就挂了张塑料布当做门，而且房子总是漏雨，时常不见阳光。凑合住了很多年，他们一辈子都没有属于自己的房子，我总觉得命运对他们是不公平的。

所以，希望我们这些儿女们，还有孙子外孙们，不要忘记他们的付出，不要埋怨他们没有给予你好的家庭背景，现在已经到了我们回报他们的时候，哪怕只是一种尊重和理解，祝福他们能够开开心心地度过每一天！

在电话里，母亲依然还在说着，一定要吃好，但也不要乱花，不要和坏人交往……当电话挂断的时候，我发现自己的眼里已经布满了泪水。

谨以此文，献给我母亲和我的亲人们！

（写于2008年的某月某日，漂泊于京城的某个角落里）

2011年的春天，家里终于盖了新房，等了好久终于等到了今天，我相信这圆了父母的一个梦，更是亏欠母亲多年的一个梦。